# 堅持，

## 成就一切非凡

國泰人壽單月實收保費最高紀錄保持人！
連續16年取得百萬圓桌會議資格！
《商業周刊》第一屆超級業務員優勝獎！

### 國泰人壽經理鄭淑方的奮鬥哲學

鄭淑方◎著

推薦序 >>>

# 有信念，有希望和有愛

喜願協會理事長 **方家翔**

鄭淑方（阿方）是我在中山扶輪社認識的好朋友，她熱忱用心的態度，以及事事都全力以赴的實踐力，讓她在擔任中山社第二十五屆社長任內，締造了多項紀錄。她對扶輪社的投入，就像她對保險事業的態度一樣，真誠待人，全力以赴。她的成功樹立在她堅持的信念、不斷的努力，和一顆永遠滿懷希望的心。

阿方在事業上的成就非常了不起，但是讓我最敬佩的是她的愛心。她出身於一個艱苦的環境，事業有成後，讓她更願意伸出援手，幫助那些需要幫助的人。

阿方這些年來捐贈了十幾部復康巴士，在擔任中山社社長的時候，捐贈了水處理系統給位處偏遠、資源有限的花蓮春日國小。另外，她也擔任喜願協會的理事。「喜願協會（Make-A-Wish Foundation）」是一個國際知名的慈善機構，主旨是幫助三歲到十八歲罹患了對生命有威脅的重症病童，實現心中最大的願望，帶來勇氣、快樂和希望。喜願協會在臺灣已有超過二十年的歷史，幫助超過一千五百位小朋友完成了願望。阿方過去積極參與喜願的各項募款活動，並且時常慷慨解囊，幫助多位病童實現願望成真。

《新約聖經》哥林多前書13：13提到：「如今長存的有信念，有希望，和有愛這三樣，其中最大的就是愛。」阿方的人生就是建立在這三個偉大的價值上，她做人、處世的信念，她永遠保持希望的態度，以及她充滿愛心的關懷。

相信各位讀完這本書，會和我一樣的敬佩她。

推薦序 >>>

# 「言必信，行必果」是建立信任的第一要務

秉誠保險代理人有限公司董事長 **黃其光**

看完了淑方社友寄來的書稿，覺得緣分是非常奇妙的事情。我跟淑方有兩個很重要的共同點：第一、我們都是保險業出身，我是屬於行政體系，她是業務系統出身；第二、我們都是扶輪社友，對於扶輪社的付出，都是不遺餘力。

我從美國求學回來後，第一份工作就是在華僑產物保險公司，最後成為華僑產物保險公司總經理。接著應新光人壽董事長吳東進先生的邀請，成為新光保全的董事長兼任總經理，讓新光保全成為業界知名的公司。

後來也收到東元集團黃茂雄董事長的邀請，成為樂雅樂與宅配通的董事長。

在這一路上，讓我學習最多的就是扶輪社，在扶輪社當中，每一個人都是來這邊服務人群，透過服務他人，學習到更多的人生智慧。

我在扶輪社的時候，一直希望能夠把東方文化的美，傳遞給全世界的人知道，所以我會教其他國家的社友，用中文「你好」來打招呼，甚至別人表現很棒時，我會說：「讚！讚！讚！」能夠把中國傳統文化的優點，不斷分享出去。看完淑方社友的書後，我想引用《論語》當中的三句話作為本書註腳：「言必信，行必果。」、「君子務本，本立而道生。」、「學而時習之，不亦說乎。」

在淑方社友的書中提到，她答應和平島的老闆娘，每週都要到和平島去找她，結果她真的在每週日早上騎著摩托車，花一個小時的車程從臺北到基隆，連續五年，風雨無阻的到和平島報到，甚至連颱風天都會去，建立了跟和平島居民的信任度。難道這不就是「說到做到」最好的典範嗎？這就是「言必信」。

書中還有提到淑方社友長期經營客戶，一直到對方有所回應，那當然就是「行必果」。因此我下的第一個註腳就是：「言必信，行必果。」

第二個註腳是：「君子務本，本立而道生。」不管是做業務、做生意或是經營扶輪社，其實最根本的元素就是「人」，因此想要辦好事情之前，一定要怎樣學做人。在淑方社友的書中，可以看到她對人的服務，都是面面俱到，不管是客戶、部屬、助理，甚至是扶輪社友，都可以讓對方感受到她的真誠。當根本確立之後，不管你想要做業務、做生意或是經營社團，那當然是無往不利！

第三個註腳是：「學而時習之，不亦說乎。」保險是一門非常專業的學問，尤其是業務同仁，所需要了解的知識不只是保險，包括稅務、房地產、總體經濟走勢、貨幣學……等等，都需要達到一定程度的了解，才能真正幫客戶做好規畫，甚至還要教導客戶如何投資，才能夠讓客戶存到錢。為了讓自己更加專業，不斷學習就成為最重要的一件事情。淑方社友除了在保險專業中學習外，還回到校園學習，取得文化大學的學位，這正是「學而時習之，不亦說乎。」的最佳寫照！

我曾在二〇〇四年時出版了《找方法，別找藉口》一書，就是希望能透過書籍的內容，讓更多人有所啟發。現在看到傑出的扶輪社友出書，把她的故事與經驗跟大家分享，這是非常好的一件事情。我相信這本書一定可以激勵更多人，讓更多人充滿希望，讓臺灣能夠越來越好！

忝為之序。

自序 >>>

# 上帝關了一扇門，必會再開另一扇窗

每一個人在這個世界上，都有屬於自己的生命故事。我也是。

小時候，父親因為財務出現狀況，原本優渥的環境不再，但卻因此砥礪出我堅毅的個性。當時中山高正在興建，我就跑去工地撿廢鐵轉賣，賺取自己的零用錢。從國中開始，我就自己打工養活自己，在工廠中當上組長。高中畢業後，我跟一群同學上臺北打拚，我是第一個當上設計師、第一個自己開美髮店的人。

後來美髮店的經營出現了瓶頸，我在因緣際會下來到國泰人壽，結果在這裡走出了另一番事業。我不但連續十一年拿下業績第一名，而且在二〇一二年打破國泰人壽五十年來的單月實收保費最高紀錄，後來更在二〇一四年再度打破自己當年創下的紀錄，寫下兩度打破國泰人壽紀錄的歷史。

同時我還進了文化大學推廣部，重新當了大學生。也因為朋友的介紹進入扶輪社，當選了中山扶輪社的社長。這些都是我從來沒想過的事情，但是國泰人壽給了我這樣的機會，讓我可以發光發熱！

這一路走來，我的心中充滿感謝。因為家庭環境的關係，讓我變得早熟、獨立。因為父親的榜樣，讓知道我做什麼就要像什麼！因為美髮業的瓶頸，讓我找到了事業的新天地，學習到從前從未接觸的領域，金融、稅法、管理、領導，我的視界完全不一樣。此刻我才知道，原來上帝關了一扇門，必會再開另一扇窗，讓我們走出更寬廣的路！

還記得剛出社會的時候，長輩總是說：「你們這些年輕人，一代不如一代！」到了現在，周遭還是有很多朋友會說：「這些年輕人，一代不如一代！」其實我並不太認同這句話。畢竟不求進取的人是少數，而且大部分只是走錯了路。我認為**每一個人都有過得更好的權利，只是你要不要去爭取而已。**我相信，只要你願意，都可以擁有更好的生活！

原本我並沒有打算這麼早出書，因為我認為目前的成就還不夠，不足以寫成一本書，我覺得自己還可以再多努力幾年，等退休的時候再來寫回憶錄。但是直到有一天，我一邊開車、一邊聽著廣播，聽到了一些車禍的報導，我突然想到，萬一我什麼時候發生意外走了，那我可以為這個世界留下什麼？於是我開始思索出書的意義。

我想，如果一個從高雄到臺北打天下的人，可以建立屬於自己的事業，這樣

**每一個人都有過得更好的權利，只是你要不要去爭取而已。**

的故事應該可以鼓舞人，於是我便決定要提早出書，並希望我的書可以讓更多人充滿希望與愛，這是我出這本書的意義。

這本書的版稅所得，將會捐給「喜願協會」跟「國泰慈善基金會」兩個慈善基金會，希望善的力量能夠不斷循環，讓臺灣能夠越來越好！

最後，我要感謝生命中的所有貴人，父親、丈夫、小孩、事業主管、客戶、蔡董事長等人，還有很多無法一一感謝的人。沒有你們，就沒有今天的鄭淑方！謝謝你們！

# 目錄

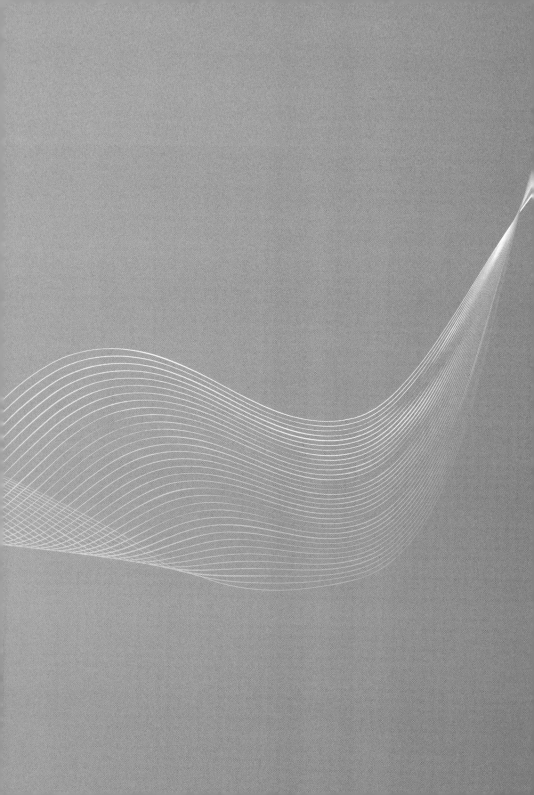

# 第一章

# 我堅信：個性，決定命運！

# 不服輸，才能贏

業務，是一項充滿挑戰的工作。業務員每天面對的，就是「成交」與「不成交」，每天都面臨「成功」與「失敗」。如果今天有成交，那就是成功；如果今天沒有成交，就代表失敗。因此，**優秀業務員最重要的關鍵，就是擁有良好的抗壓性**；如果你抗壓性夠，就有機會在這個領域當中勝出！

優秀業務員的思考焦點是如何達到成功，所以他們絕對不能被環境所打敗。**想要成為優秀的業務員，就必須擁有不服輸的精神及克服困難的決心**，而不是一遇到難題就直接投降、退縮。

我父親早年在高雄做生意，他從鴨農、雞農那邊收購雞蛋、鴨蛋或皮蛋、鹹蛋等，然後賣到市場上去。父親很有生意頭腦，不但自己有店面販售，還鋪貨到市場去販售，甚至外銷到日本，所以那時候家裡的經濟環境算是很不錯的。但是

**想要成為優秀的業務員，就必須擁有不服輸的精神及克服困難的決心。**

這樣的情況卻在一夕之間，突然有了天翻地覆的改變！

五歲那一年，父親被至親所害，對方把父親的整本支票都帶走。因為支票本上蓋的是父親的印章，所以那些支票所開出的金額，父親都必須承擔。就這樣，我們家一夜之間什麼都沒了，所有值錢的東西、房子都被法拍，即便如此，還是無法填補這個債務大洞。依據當時的《票據法》，支票跳票會被抓去坐牢。原本父親已經有坐牢的最壞打算，開始著手安排我們幾個小孩的生活。還好天無絕人之路，當時父親有三個好朋友伸出援手幫他，讓父親躲過了牢獄之災。

碰到這樣的狀況，怨天尤人是人之常情，畢竟並不是他的能力不好，也不是他不夠努力，而是發生了意料之外的事情。但是父親並沒有怨嘆，他沒有大吵大鬧，也沒有顯露出任何的失志，他選擇默默承受所有的困難，咬著牙把一切扛了起來。

為了償還負債，他每天平均工作超過十八個小時，每天凌晨就出門，一直忙到很晚才回到家。這一路上，我看到父親用生命在打拚，卻從不喊苦。他的努力對我有很大的影響，日後我做任何事情，都是全力以赴！

我最佩服的是父親出事之後，沒有聽到他有任何一句怨言。以前我不懂，他的至親把他害成這樣，他卻可以沒有任何一聲抱怨，把所有過錯都擔了下來。長大之後我才知道，一個人遇到困難，可以選擇坦然面對，也可以選擇放棄。父親選擇了勇敢面對，發揮了他「不服輸」的精神，克服了一切。從載雞蛋的雞寮重新出發，賺了錢還清債務之後，又成立個人車行，重新站了起來。

父親的經歷讓我有很深的體悟，他從來沒有因為失敗了就懷憂喪志。他不但不向命運低頭，而且重新建立了自己的事業，並培養了我們五個小孩子長大。我在人生過程中，也曾碰到很多的困難與挑戰，但是每當我回想父親的堅毅，就會讓我告訴自己：**不服輸，才能贏！**

在每一個人的生命當中，絕對不會一帆風順，一定是有高點、有低潮。**決定**

**一個人的成功與否，並不是他在得意時的狀況，而是他在面對低潮時的態度。**

國揚建設的前董事長、國揚集團掌門人侯西峰，一九九八年曾經爆發嚴重的財務危機，當時的他萬念俱灰，一心只想要一走了之。當時侯西峰面臨個人即將跳票的現實，在使用一切方法都無法挽救之後，他決定停掉所有的搶救行動，告訴東南水泥董事長陳敏賢說：「我真的撐不下去了！」

接著他把公司幹部找來，交代一些後續營運，就準備在三點半確定跳票後，要從國揚的辦公室一躍而下，用「死」來結束自己為公司及投資大眾製造的這場災難。他向陪在身旁的好友張永祥講了一句：「我要走了，送我一程。」

就在這個時候，他的妻子趕到現場，將他從鬼門關前勸了回來，同時他也想到四個心愛的孩子，最後決定勇敢面對自己所製造的災難。

接下來的八年，侯西峰全力衝刺他的事業，他告訴自己：「尋死不成，只能活下來拚命！」他一週工作七天，早上九點進公司，經常工作到半夜才離開，每天工作超過十二小時。用這樣的態度，在五年內還掉國揚一百六十八億元的債務，平均每天還債九百餘萬元，後來不但讓國揚浴火重生，並且還建立了高雄的漢神百貨與漢來飯店，讓他的生命反敗為勝。

我認為，不管是父親還是侯西峰，他們的故事在在都提醒著我們，**即使人生面臨最低谷，千萬不要絕望、不要放棄，你一定要相信，上天不會絕了你的路！**你需要做的，就是放手一搏，發揮不服輸的精神，用自己的生命來打拚，這樣你就有機會走出一條活路！

## 下定決心！人生從此不一樣！

很多人從事業務工作時，抱持的態度是：「我先試試看，不行再說。」又或者一邊想要穩定的工作，一邊又羨慕業務人員的高報酬。這樣的想法與心態，無法改變你的人生，因為你的心中總是不斷搖擺，這樣根本不會有任何結果。

假設你今天到了日式餐廳，看了菜單之後想吃「咖哩炸豬排飯」，這時候什麼事都不會發生，餐廳不會幫你備料、做菜，更別說是上菜了。唯有你找服務生來，告訴他要點「咖哩炸豬排飯」的時候，餐廳才會開始準備。

不管做任何事情，若想要成功，就必須下定決心堅持去做，直到成功為止，否則一切都只是空想而已。激勵大師安東尼．羅賓曾經說過：「**當你作出由衷決定，那就是在水泥地上刻出一道痕，而不是在沙地上畫一條線。**」

這句話的意思是，當你下定決心的時候，你就要投入百分之百的努力，決心要堅持到結果出現，絕對不能半途而廢！

我常說自己是一個很固執的人，一旦決定好的事情，不管旁邊有多少雜音，我都會堅持下去，直到成功。

二十歲的時候，我決定要到臺北從事美髮業。之所以會選擇美髮業，是因為無意間聽到一個連鎖美髮店的老闆提到，他們公司有一位髮型設計師，一個月的薪水加上獎金高達四十八萬。當時我很想要賺錢，一聽到這麼驚人的數字，便決定要從事美髮業。當時最棒的美髮行業、最棒的設計師幾乎都在臺北，因此我決定前往臺北打拚。

下定決心之後，我都沒有跟家人提起，家人根本不知道我打算到臺北工作。直到出發前一天，父親從朋友無意間的對話中，得知我隔天就要出發到臺北。父親趕忙回家跟我確認後，才知道我真的要到臺北發展。當時父親並沒有多說什麼，只是淡淡的對我說：「明天我載你去坐車。」

隔天，父親開著貨車載我到高雄火車站搭車，沿路上，爸爸一邊開車一邊跟

**自己的選擇當然要由自己承擔，我相信所有的一切都只是過程，可以幫助我越來越好。**

我說：「這個行業是你選的，你如果沒有成功就不能回來。」聽到父親說這句話的時候，我的眼淚幾乎快要掉下來，因為我很清楚，爸爸說這些話其實是他的一種支持，目的是要激發我、鼓勵我好好打拚。

到了臺北，我在美髮業花了不到兩年的時間，就當上了設計師。這兩年的時間，我非常努力、堅持，碰到困難也從不向家人訴苦，自己的選擇當然要由自己承擔，我相信所有的一切都只是過程，可以幫助我越來越好。

《享受吧！一個人的旅行》書中有個經典的義大利笑話，大意是：有一個窮人每天上教堂，並在偉大的聖人雕像前祈禱乞求著：「親愛的聖人，拜託！拜託！請您讓我中樂透！」有一天，不堪其擾的雕像突然低下頭來，望著這位乞求者說：「孩子，拜託！拜託！請你去買張彩券吧！」

有些人常常會口頭上說：「我想要賺大錢。」**但是「想要」跟「真正做到」有很大的距離，這個距離就是「下決心」**。當一個人想要賺大錢的時候，他可能只停留在「想」的階段；但是當一個人下定決心賺大錢的時候，他會採取行動，並獲得結果。

如果我當時只是「想著」要進美髮業當設計師，想著會賺大錢，但如果沒有下定決心到臺北打拚，用百分之百的努力，不斷增加自己的能力，這樣怎麼可能賺到錢呢？**所以「想」跟「做」是截然不同的，當你下定決心並動手去做，想法才能逐漸成真**。

優秀的業務員都知道，如果想要賺錢，就必須經過許多的挫折與努力，所以需要具備百折不撓的精神，不斷告訴自己，下定決心就要勇往直前，這樣才能有所成就。

我一向認為：「**一旦決定了目標，就要朝你的目標前進。**」所以一路走來，我都是堅持這樣的思維，逐步完成自己的夢想。

## 我要！我要！我一定要！

由於我之前休學過一年，當我高職畢業北上工作的時候已經二十歲了，當時我的同學都才十九歲。那時候我就想，我的年紀比同學大，如果我跟他們一樣花了三、四年才當上設計師，到時候都已經二十三、二十四歲了，這樣怎麼可以！於是我告訴自己，我要比別人更認真、更努力才行。

當同學都在玩的時候，我選擇拚命練習，因為我知道自己沒有玩的本錢。當時我們有十個同學一起來臺北打拚，有些同學半途而廢，有些可能是離鄉背井不習慣等因素，到最後只剩下我一個人留了下來，成為唯一一個當上設計師的人。從我來臺北到當上設計師，只花了大約一年十個月的時間，在業界算是速度很快的，但這並不是我天資過人，而是我非常非常努力的結果！

剛到臺北工作的時候，前三個月是在設計中心受訓，接著就下到各分店去當助手。助手的工作包括洗頭、站門口、打掃……等等，但我不只做這些工作，甚至還會主動去掃廁所。有時候設計師的客戶比較晚到，就會問助理：「客戶今天會比較晚來，誰要留下來幫忙？」其他的助理都喊累、要休息，這時候我就會自告奮勇留下來幫忙，把握每一次學習的機會。

因為我當時的公司是連鎖企業，有一套標準的晉升流程，若想要在公司晉升，就要通過公司舉辦的一連串考試。每三個月考一次，從助手三、助手二、助手一，然後是助理三、助理二、助理一，再來就是準設計師二、準設計師一，最後才是設計師。

我每次考試都順利通過，大概在一年十個月的時候，就快要擁有準設計師的資格。當時我非常興奮，因為我離設計師的路只剩一步之遙了！但沒想到最後一次晉升的時候，顧問對我說：「淑方！跟你同期的同學都還沒考過，你可不可以等他們一下？」

當下我覺得很錯愕，這是我的人生，為什麼要等別人？

**當你真心渴望某樣東西時，整個宇宙都會聯合起來幫你完成。**

於是我反問：「是因為我這次考試的成績不好嗎？」顧問說：「雖然不盡如意，但是還可以，不過我希望你可以等你同學一下。」

那時候我心裡就在想，為什麼我這麼努力通過考試，現在卻要停下來等同學？我真的無法明白，於是我索性把特休假一次請完，然後回到高雄散心。

當時我很難過，為什麼我這麼拚命向前，現在卻要等待其他人？我覺得我的人生跟別人不一樣！我來臺北前就跟自己說過：「我要飛黃騰達！我要賺錢回家！」所以當顧問說這些話的時候，我真的沒辦法接受。我打算等特休結束後，就要寫離職單離開公司，尋找其他機會繼續奮鬥。正當我萌生離職打算的時候，沒想到我美髮業的第二個貴人——張總經理出現了！

當時張總經理看我放完假了，卻沒有馬上銷假回臺北上班，覺得事有蹊蹺，於是他打電話到我高雄老家。我向張總經理大膽說出自己的想法，他聽完之後，要我先回來上班，他會好好處理這件事，不會讓我失望的。沒多久，我就接到人事命令，原來是他把我調到準設計師訓練中心去了！

從這件事情我發現到，**只要你擁有強烈的企圖心，願意拚命去實現，世界就會為你開出一條路。**雖然這些路不見得平坦，但是卻可以讓你繼續往目標邁進，逐步完成目標。

在《牧羊少年奇幻之旅》一書中，撒冷王對牧羊少年說：「**當你真心渴望某樣東西時，整個宇宙都會聯合起來幫你完成。**」我認為真心的渴望，就是你的企圖心，當你用有強力的企圖心時，整個世界都會卯起來幫你完成目標。只怕你沒有企圖心，那麼你終將一事無成！

## 不要想太多，做就對了！

我當設計師的時候，就夢想擁有一家自己的店，那時候我告訴自己，我不接受挖角，只接受自行創業。當時有一個美髮店老闆打電話給我，希望我跳槽，我很明確的拒絕他，跟他說：「如果我離開這家店，就代表我要創業了！」

沒想到過了一個多月，那個老闆又打給我。我接到電話時還想，怎麼這麼不死心，還打來要我跳槽？沒想到他這次跟我談的不是跳槽，而是說要把店面頂讓給我！聽起來是好消息的背後，卻隱藏了一個很大的問題：我沒有錢！

在那通頂讓電話之前，哥哥向我借了四十萬元周轉。沒多久，我跟了一、兩年的會，眼看就要回收的時候，會頭卻捲款跑了。人生就是那麼奇妙，老天在給出機會之前，居然讓我辛辛苦苦存的一百二十八萬就這麼沒了，當時我身上幾乎沒有積蓄。

這時候該頂店創業嗎？我猶豫了。

跟髮廊老闆碰面的時候，我老實告訴他我沒錢，沒有辦法頂下來。沒想到他聽到我沒有錢頂店，不但沒有馬上離開，反而提了另外一個方案，那就是我只要每個月給他十一萬，為期三年，這樣他同樣可以把店面頂讓給我。

聽完了這個條件後，我二話不說，馬上就跟他簽了合約。簽約的時候，我一直強調由於現在還在上班，需要三個月的時間準備，對方也欣然接受了。後來我才知道，原來那家店的老闆是富二代，當初是一時興起才開店的，後來因為不擅經營，只好把店面頂讓出去。

那時候我根本就沒有去確認房東的狀況，也沒有去思考每個月十一萬到底有多少，當下就簽訂了頂讓合約。朋友都說我瘋了，怎麼沒有先比價就傻傻的簽了合約？他們還說，那間店面的租金每個月只有三、四萬塊而已。但是我並不這麼想，畢竟他之前也花了一筆錢裝潢店面，現在只是想把裝潢的錢一起回收而已。

我非常感謝那個老闆，如果沒有他，我可能這輩子永遠也開不了店。從這

**往理想前進不用去想太多，計畫太多。只要覺得是對的事情，做就對了！**

裡我學到一件很重要的事情，那就是：**往理想前進不用去想太多，計畫太多**。如果我什麼都想太多、算太多，就根本不會頂下那家店，當然也就沒有後來的我！

簽完約之後，公司立刻知道了這項消息，隔天早上我進公司的時候，老闆當場請我和其他兩位設計師離職。那時候我們三個人都有點傻住，最後我回過神對其他兩位設計師說：「人家都趕我們走了，我們幹嘛賴著不走？」於是我們趕緊收拾了東西。這一幕在我腦海中永生難忘，過程確實有些不愉快，但是我又能改變什麼呢？我只能更加努力，不要讓別人看扁！

那時候每個設計師都有一個專用的櫃子，大部分的設計師會把自己的客戶資料鎖在自己的櫃子裡。但是我的個性比較大剌剌，常常忘了鎖櫃子，甚至客戶名單也都隨手就放在推車上。

主管知道我們要自行開店的事情後，當晚就把我那兩位設計師同事的櫃子打開，把他們的客戶資料撕毀。主管同時也翻了我的櫃子，卻沒有找到我的客戶名單，因為那天我剛好把客戶名單放在推車上，所以只有我的客戶名單沒被撕掉。我常說這是神明保佑，冥冥之中幫我把客戶名單藏起來。後來也因為這些客戶資料，讓我在創業初期多了一份保障。

我們被趕出店裡之後，就跟頂讓的那家店老闆說明現況，隔天我們就開始油漆，把店名改成「莎曼沙」，然後又拿出父親幫我準備、預計未來結婚要用的嫁妝九萬元，把招牌換掉、進產品，然後把一些該換的材料換一換。於是，我花不到九萬元就開始創業當老闆了。

那時候我真的沒有想太多，我認為當機會上門就該立刻把握住，如果想東想西就失去很多機會，所以機會來了我都沒有考量太多，**只要覺得是對的事情，做就對了！**

## 蔡萬霖：「人無艱苦過，難得世間財。」

很多人都會有個迷思，認為成功的人做什麼都成功，但其實很多成功人士在還沒有成就之前，也都過得很辛苦。當我開店之後，有人認為我生活應該會過得比較好，但其實並沒有。那時候開美髮院，最常碰到就是設計師出去開店，平均每三年就會有一位設計師在店面附近開業，每當一位設計師離開，當月就會損失一部分的業績。

曾有朋友問我：「你會氣這些設計師嗎？」

老實說，我一點也不生那些設計師的氣，甚至如果他們請我幫忙，我都會盡力幫他們。我覺得有企圖心的人都會想獨當一面，想要證明自己的能力，就像我當時開店的時候，也是想證明自己的理想跟抱負，我要證明自己有能力經營一家夢想中的店，並化成一個實際可行的形式。

所以我會說那是抱負，不是背叛！每一個人有自己的目標與抱負，他們為了自己的理想勇敢去實踐，為什麼要把它視為背叛？在職場上本來就有聚有散，更無所謂什麼背叛！剛開始認識我的朋友，都會覺得我很精明幹練，但事實上我很樂天，覺得很多事情沒什麼大不了，不需要過度放大，這樣反而讓自己不開心，何必呢？

有時候我會回想，為什麼會在一九九八年十一月從美髮業轉戰保險業？真的是老天爺幫你關上一道門，就會開另一扇窗給你。那時候剛好面臨我的第二次危機，我又有一位設計師出去創業，當時生意慘澹到必須用信用卡預借現金來過日子、發薪水。那時候家人都不知道我的經濟狀況，因為我認為，與其說出來讓全部的人都覺得痛苦，不如放在心裡一個人苦就好。沒想到因緣際會之下，我來到保險業，開創了人生事業的第二春。

每個成功的人，背後一定有他的故事，為什麼有的人會變成大地主？那真的只是天上掉下來的祖產嗎？我覺得不能這麼想，如果把時間拉長，也許他的祖先

**人無艱苦過，難得世間財。想要有不同的成就與財富，是需要經過一些苦難！**

只是佃農，然後辛苦了一輩子，賺得一塊土地留給子孫，讓他的子孫成為地主。

我最佩服的企業家郭台銘先生，他的努力奮鬥過程讓人感動。可能很多人批評他專斷、獨裁、跋扈等，但如果他沒有毅力與努力，他的鴻海王國會這麼成功嗎？如果他耳根子軟，沒有堅持自我主張，又怎麼會成功？

為什麼我想出書？因為我希望跟更多人互相勉勵。我相信只要我可以做到，大家一定也可以，就看自己有沒有抓住目標。若說一個成功的人沒遭受過挫折是騙人的，當你在做任何一件事，老天爺一定會有個考驗，等你通過考驗了，就會再晉升到另一個層面。

現在回頭來看自己的人生歷程，會發現到很有趣的事情。很多朋友聽完我的故事後會說：「你小時候好辛苦！」但是我並不這麼覺得。我認為俗話說：「吃苦就是吃補。」這句話是對的，遇到困難，就面對它、解決它，然後放下它。

國泰人壽創辦人蔡萬霖先生曾說：「**人無艱苦過，難得世間財。**」我覺得這句話說得超好！想要有不同的成就與財富，是需要經過一些苦難！如果你現在正走在苦難上，我覺得不用太擔心，因為上天如果斷了你一條路，代表有更好的路要讓你去走。

學著感謝這些苦難，能夠不斷磨練自己、鍛鍊自己，然後塑造更好的自己！

## 父親，生命中最重要的榜樣

從小到現在，父親一直都是我的榜樣！我發現，他的金錢觀跟事業觀對我的影響非常大。認識我的人都知道，我是個熱心公益、廣種福田的人，但是在工作崗位上，卻又好像是拚命三娘一樣的去攢錢，聽起來似乎非常矛盾。

但是我的想法是，工作的意義除了養家餬口、賺取更多金錢外，最大的好處是可以擁有個人成就感。對我來說，不是想要賺很多錢就可以賺很多錢，而是要認真的把事情做好，錢財自然就會滾滾而來！這個觀點，正好跟父親一貫的作風不謀而合！

以前我都不覺得父親影響我什麼，但這幾年我回過頭看，父親是影響我這一生最大的人，他的個性、處世態度都深深影響著我！像是父親很重諾言，他常說：「很多事情其實一句話就可以，不用白紙寫黑字！」

父親認為，古代人重信重諾，就是這樣一句話，一言九鼎！**有信用，不用白紙寫黑字**！認識我父親的人，都說他是個不簡單的人，我也是這樣認為。而父親重視信用的態度，也對我產生很大的影響，每當做出承諾的時候，我就會告訴自己，一定要想辦法達成，要說到做到！

當我明白到父親對我的影響後，我打從心底感謝自己的父親。身為女兒的我，能給予他最大的榮耀，就是讓父親以我為榮。因此在進入保險業第一年，當我看到一個身子嬌小的女生，背著「全國馬拉松」第一名的彩帶上臺領獎，旁邊站著她的父親，那時候我才知道，原來全國第一名可以帶一個自己感謝的人上臺，所以那個小女生帶著自己最想感謝的父親上臺。

從那時候開始我就想，我也要在臺上感謝自己的父親！我要讓他知道，因為他的身教，告訴我做人做事的道理，讓我不管在哪一個行業都可以開花結果！為了這個目標，我開始更加努力。經過了四、五年後，我開始上臺領獎，那時候我就邀請爸爸一起出席，跟父親一同享受這份榮耀。

**人生沒有永遠的順利，也沒有永遠的挫折。**

**過去的一切，都是未來成長的養分！**

**人生沒有永遠的順利，也沒有永遠的挫折。**就像月亮一樣有圓跟缺，如果沒有這些過程，也不會有今天的自己。從小我就是一個倔強的小孩，也因為這樣的倔強，讓我吃了非常多的苦頭。有時候我會想，為什麼我要這麼辛苦、這麼累？經歷了這麼多的波折後，到了現在，我反而要感謝老天爺給我這麼好的禮物，因為這些過程讓我學到很多，也成長很多。有時夜深人靜的時候，我回想過去發生的事情，發現曾經以為的苦難，真的沒什麼大不了，**過去的一切，都是未來成長的養分！**

# 周圍的人都是寶：感恩、報恩！

人生中有些事很難說清楚，人們很容易一遇到不如意就抱怨生活、抱怨工作，但天天抱怨過日子並不能解決問題，而且抱怨久了心裡也會生病，跟周遭的關係更好不了，而成了一種惡性循環！凡事盡量以正面的心態去看待，這樣對自己的人生才有幫助。我曾看過一本書，提到有記者問企業家：「為什麼你這麼會成功？」沒想到那位企業家反問記者：「你為什麼不成功？」

我們都會問，這個人為什麼成功？但是沒有人問為什麼失敗？成功的背後是要失敗過N次才可能成功。有很多人說，我的成功是好運、幸運，真的是這樣嗎？當然每個人的運氣或許有差，但如果你都沒有努力過，你跟人家說你都是很幸運，怎麼可能一輩子都幸運？

任何一個大老闆會這麼成功、這麼謙卑、這麼低調，做人、處世各方面都這麼面面俱到，一定有他的成功之道。如果一直放大不好的地方，那人生有什麼意義呢？不好的事情幹嘛還要一直去想？有時候遇到不好的事情哭一哭就沒事了，不必花太多時間去想失敗的事情，而是要去想，這件不好的事情只占了我人生裡很小很小的部分，還有很多美好的事情，只是我沒有看到而已。

儘管我的業績不錯，但我也曾想放棄從事壽險業。當時並不是我做得不好，而是有客戶要我退他佣金，可是我從來就不做這件事的！我後來轉個念頭，如果自己只是因為一、兩個客戶無理取鬧要我退佣金，我就氣到想離開，那不是太不值得了嗎？更何況絕大部分的客戶都沒有要我退佣金啊！我為什麼要對不起這些客戶呢？多不值得啊！

很多人稱讚我：「鄭淑方，你好棒！好棒！」但我從不覺得自己有那麼棒，我只是把該做的事情做好而已；相反的，我認為真正應該被讚賞與感恩的，是那些在幕後默默付出的團隊。如果今天沒有經辦的小姐協助，沒有總公司長官的支援，沒有這些幕後人員的配合，鄭淑方要怎麼棒？所以我覺得很多事不是我一個人可以辦到，而是團隊一起達成的，是因為公司的團隊、資源很充裕，才能造就個人的成功，棒的不是只有我個人，而是整個團隊都很棒！

有同仁跟我說，從沒聽過別人感謝經辦人員。但我是真的打從心底感謝經辦人員，感謝這些後端人員的支持，我才能順利完成每一件契約。正是這些後端人員，以及默默堅守崗位的無名英雄，不斷支援我們這些前線的業務人員，才讓我們得以彰顯個人的績效。如果沒有他們，業務人員也沒辦法順利作業。所以我常常跟同仁說，**一個團隊就是要有「共好」的意念，絕不是你一個人很棒就好了。**

當我經濟狀況不是很穩定的時候，正好遇到了先生的理賠問題，才一頭栽入保險業。在保險業十幾年這一路走來，讓我成長很多，包括許多人、事、物，甚至是看事情的角度、處理事情的深度與廣度，都完全不一樣了。

此外，透過職務的調整，讓我深深體會到「知人善任」的重要，我覺得在我的團隊裡，每個人都是我的寶，我由衷相信每一個人，相信他們講的每件事，我交代下去的事，也從來沒有懷疑他們的能力做不到，而且我相信，他們會做得比

**一個團隊就是要有「共好」的意念，絕不是你一個人很棒就好了。**

我還要好，我覺得他們的能力都在我之上，所以我會充分授權，如此也可以激發出他們的潛力，大家一起達成目標！

也許有些人與生俱來就擁有一些能力，但這樣的人我相信是少數。很多人的能力都是靠後天慢慢培養出來的，加上別人對我們的激勵，才有今天的自己。所以這一路上走來，我很感謝身邊所有的人。

或許有些人是淡淡之交，有些人則是可以深交的，但每一個人都是你生命中的貴人，如果沒有這些激勵我的貴人，實質上幫助我的貴人，我在壽險業也不會有今天的小小成績。

這十幾年來，我很感謝蔡宏圖董事長給我職務調整的機會，讓我有機會挑戰新的職務。至於會不會達到自己想要的目標？那就要經過大家不斷的努力，才能看到開花結果的那天。

我是個平凡的人，不過我覺得那條彩帶既然別人可以拿到，我也可以。如果不努力，我怎麼知道我能不能拿到？所以我設定了目標，除了自己努力，還有客戶、好友與貴人的支持。

我常說：「**我的榮耀是貴人給的，我只是代表他們上臺領獎！**」這幾年我體認到「取之社會、用之社會」這個道理，我所賺的錢是從這個社會來的，因此也應當對這個社會有所回饋。

我覺得今天小小的一點成功，是許多貴人的支持，我不知道該怎麼答謝他們，所以我用我想得到的方式，來感謝他們跟社會的支持。

因為一個好朋友的關係，我進到了扶輪社。原本加入扶輪社，只是想捧朋友的場，但我在扶輪社看到了很多，覺得扶輪社是無私的奉獻、無償的回報。這些社友跟前社長也讓我成長不少，讓我體悟到這些都是人生要修的功課。

也因為在扶輪社所學習到的一切，我把這種回饋的想法告訴同事，有了更多的業務員跟著響應。我的一些客戶、朋友都來跟我一起做公益，這時候我才發現：**這些好的循環，會感染給別人！**

我覺得身為社會的一分子，一定要懷著一顆感恩的心。我常想，我既沒有傲人的學歷，也沒有驚人的工作經驗，何德何能可以有這麼多貴人幫我？在我的人生中，只要我認識的人，都是我的貴人，包括可敬的貴人、可佩的貴人、可恨的貴人、激勵我的貴人。如果沒有他們，就沒有今天的鄭淑方。所以我非常感謝這些貴人，謝謝！謝謝你們！

# 信守承諾，才能獲得客戶信任

我永遠記得，自己是在一九九八年十一月十二日那天來到國泰人壽。當時很多人看到我成績那麼好，認為我是因為美容院的客戶才做起來的，但事實上正好相反，我根本不敢這麼做；雖然我覺得保險真的很好，但是很多人聽到我跟他們講保險之後，可能下次就不敢再來光顧了。我的設計師跟助理還要吃飯，店還要經營，不能因為我一個人要做保險，就讓他們失業。

因為沒辦法跟美髮店的客戶談保險，我就從親人開始溝通。當時我的小姑介紹了一個在基隆和平島開早餐店的老闆娘給我認識。認識早餐店老闆娘後沒多久，她在開瓦斯爐的時候，不小心被灼傷。她受傷後，原來的保險公司只有開出兩、三百元的支票，她覺得怎麼理賠這麼少？於是找我重新規畫保單，請我幫她補足應有的保障。

跟老闆娘談完她的理財規畫後，她就跟我買了簡單的醫療險。早期很多業務員都會要客戶買儲蓄險，但是我跟其他保險業務員最不一樣的地方，就是我能夠感同身受。當初之所以進入保險業，是因為我先生受傷遇到理賠的問題，所以我在規畫中都會優先規畫醫療險及重大疾病險，再來才是儲蓄險、投資型保單等。

幫她重新規畫時，老闆娘說：「你們做保險的都是這樣，還沒買保單的時候都很殷勤，買完保單就看不到人了！」

我答應她：「你放心！我以後每個禮拜天早上八點，一定到你店裡報到。」

就這樣一句話、一個承諾，有整整五、六年，我每個禮拜天早上都到基隆和平島報到，而且是風雨無阻，曾經有一次颱風來襲，我也是一樣出現在和平島。那時候我騎摩托車從忠孝東路出發，到汐止後轉新台五路，大概需要一個小時才會到基隆和平島。很多人覺得辛苦，但是我並不這麼認為，因為這就是承諾，必須要去完成承諾，人家才會信任你！事實證明，這樣的努力是有代價的，後來基隆和平島多數的居民，都跟我買保險。

我也常常跟他們說：「如果沒有你們，就絕對沒有今天的鄭淑方！」雖然他們的保單都不是一般業務所謂的大客戶、大單，但是沒有小石頭，哪來的大石頭？所以我真的打從心底感謝和平島的客戶們。後來國泰人壽幫我拍影片的時候，我就特別要求，一定要到基隆和平島，因為他們是我最堅實的後盾，也是支持我的力量！

我在演說的時候，常常會提到和平島的例子，其實我真正想要表達的是**承諾、守信的重要**。如果當時我沒有每週出現在和平島，如果我因為今天工作很累就不過去，他們就會認為我跟一般的業務員沒什麼兩樣，只會說大話，為了簽下一張保單，就把自己的信用都賣了！

「一諾千金」這個成語出自於《史記．季布欒布列傳》，是敘述秦朝末年有一個叫季布的楚人，他為人非常耿直，樂於幫助別人，只要他答應過人家的事，就算再困難，也會想辦法做到。後來劉邦做了皇帝，季布當了河東守。有一個叫作曹邱生的人，是季布的同鄉，非常擅於巴結大官，當他知道季布當了大官，便

**講信用就是嘴巴說出來就算數，不需要白紙黑字，也會按照所說的去做。**

趕緊登門巴結季布，並且對季布說：「我聽楚人說，即使是得到百斤的黃金，也抵不上季布的一個承諾。（得黃金百斤，不如得季布一諾。）」意思是季布一個承諾，超過了一百斤黃金的價值，後來便用「一諾千金」來形容守信諾的人。

雖然我們的承諾不一定值千金，但是只要你說出來的話都有辦法做到，自然就會建立良好的信用、好的口碑和好的人際關係！記得小時候，爸爸曾經跟我說：「什麼是講信用？講信用就是嘴巴說出來就算數，不需要白紙黑字，也會按照所說的去做。」

但是現在人不一樣了，很多事情明明都寫得清清楚楚，到頭來卻還是反悔了。我認為做業務就是在做人，如果常常不守信用，誰敢跟你買保單？但如果你能信守承諾，別人就會認為你是值得信任的人，願意把一生的保障都交給你規畫！

# 堅持到底，讓我打破紀錄

我去演講或是遇到新進業務員時，常會有人問我如何增加業績。我想，或許很多人認為我有什麼特別的業務技巧，才會讓別人願意找我規畫保險，但其實不然，對我而言，能夠堅持到底、絕對不放棄、想辦法去克服困難，才有機會贏得更多保戶的信任。

我剛踏進保險業的時候，曾聽到一個長官說：「**沒有不成交的保單，只有時間的長久。**」那時我一直認為，如果沒有保單，就是沒有業績，那我就活不下去了，因此並不太認同長官所說的這一番話。但是經過很長一段時間之後，才深深體會到這句話的真理。

我常說：「剛進來保險業成交的第一張保單，可能是捧場；第二張保單，是別人看你認真；等到他願意跟你買第三張保單時，才真正是你專業的開始。」

事實上，做業務的人都很清楚，並不是每個你接觸的客戶都會馬上跟你買東西，特別是保險，客戶往往需要一段時間來觀察你，看看你是不是專業，夠不夠認真，值不值得信任。

我有一個住在中部的客戶，他的身價高達數十億，在二〇一二年跟我買了保單，加上其他一百一十二件保單，讓我打破了國泰人壽五十年來的紀錄。

我和他是十三年前透過朋友的介紹，先認識這位老闆的太太，進而認識了這位老闆。我們剛認識的時候，他並沒有給我好臉色，總是對我愛理不理的。然而這十三年來，我每兩、三個月就會把稅法、理財等相關資訊整理成冊，找機會親自送到他家。但是我幾乎遇不到他，都是拜託太太或員工轉交。聽說轉交後的資料都放在化妝室裡，直到他要上廁所的時候才去翻看。就這樣月復一月、年復一年，他始終沒有給我任何回應。

根據側面了解，我知道他本身很懂得投資理財，所以不會想把錢放在保險項目上。當時我雖然已有最壞的打算，但是仍持續把手上整理的相關資料跟他分享。直到有一天我突然接到他的電話，請我到他的辦公室規畫保險。我跟他見面時誠懇的說：「想要在保險公司得到很高的投資獲利，幾乎是不可能的事情，但最起碼它可以幫助客戶保本！」

沒想到他說：「你這句話說得好，真正打動了我的心！」

經過了解，才知道這些年他對理財的想法漸趨保守；之前他操盤投資雖然賺了不少錢，但是歷經金融海嘯，加上自己的年紀稍長，漸漸想把錢放在較安穩的地方，幫資金找個安全停泊的地方。由於我這十三年來持續不斷的經營、付出，讓他感受到我的真誠，最後決定把這筆資金放到國泰人壽。

後來這位老闆跟我說：「其實我也在看你能堅持多久。」因為這位老闆的太太在朋友的介紹下，成了我以前美容院的客戶，每隔兩、三個月就會專程從中部上來讓我做頭髮。當年我進保險公司時，讓她感到十分訝異，因為當時我的美容院經營得還不錯，因此她覺得我在保險業一定待不久，應該只是玩票性質。

之後她先生經常在時報週刊、商業週刊、經濟日報、工商時報等報刊雜誌看

**很多事情只要持續努力去做，擁有好的執行力，堅持下去，整個宇宙能量會為你而改變。**

到我的相關報導，甚至我的保險案例還出現在大學課本上，讓他們夫婦倆覺得我和其他保險業務員不太一樣。

透過這個客戶，我對「沒有不成交的保單，只有時間的長久。」這句話有了更深一層的體悟，原來真的沒有談不成的案子，只是時間長短而已，因為往往日子一久，就可以考驗出一個人的本性！

這位客戶曾問我：「難道你都不累嗎？我一直不跟你買保險，十多年來你卻都不放棄！」

我說：「我覺得這個商品是有用的，對你有幫助，我相信有一天你一定有需要。」就這樣堅持了十三年，終於開花結果。

**我認為很多事情只要持續努力去做，擁有好的執行力，堅持下去，整個宇宙能量會為你而改變。**很多人覺得我拿到大案子很幸運，但是卻沒有想過，幸運是奠基在不斷執行基本功上的。就像我定期寄資料給客戶、聯絡客戶，這些事我從不間斷。

**對任何一個業務而言，紀律與執行力才是最重要的功課！**如果我沒有定期、不間斷的做這些事，我想這位客戶也不會放心把他的資產交給我規畫！

除了對於客戶的紀律外，工作上的調度與思維也很重要。像我以前工作地點距離我家只有一棟之隔，但是我每天早上七點多進公司後，就一直待在公司，除非忘了帶東西，要不然我是不會回家的。

我常跟自己或團隊講，只要回家就不會想再出門，一回到家就會想要放鬆，幫自己找藉口休息。所以我努力鞭策自己，就算我家就住在公司隔壁，我也不會回去睡個午覺或做其他家務，因為我覺得工作跟家務要分開，尤其壽險業很自由，很容易偷懶，如果沒有自我要求，就很容易迷失自我。

## 成交後，才是服務的開始！

大約在二〇〇一年時，朋友介紹了一位陽明山溫泉會館的老闆給我認識。剛認識這位老闆時，有大致針對她的想法跟理財規畫，遞送了幾份保險建議書給她，但是當時並沒有成交。接下來的兩年，我只有透過簡訊、信件關心，從沒有主動去找過她一次。

直到有一天她主動打電話給我，請我到她家幫她重新規畫保單，並且當場就簽單成交了。自從成交之後，我每隔一、兩個星期就會去溫泉會館找她。她覺得很好奇，就對我說：「淑方！我已經沒有錢再買保單了，你不要再來找我了。你很奇怪耶！我以前還沒跟你買保險的時候，你都不會一直黏著我，現在我是你的客戶了，你怎麼反而常常來找我？」

我跟她說：「正是因為你現在是我的客戶了，我當然有義務來關心你、服務你，順便告訴你公司最新的產品，這是你有權利知道的事。」

當我說完這些話的時候，她覺得我跟一般的業務員很不一樣。許多業務員在成交之前，都會勤著跑客戶，等到簽單之後，就看不到人影。但是我不一樣，我認為**應該把客戶當成朋友，而不是把朋友當成客戶**。

「成交」的英文是「close」，意思是指這個案件已經結案了。但是我認為，「close」還有另一個意義，就是「親近」。**對我來說，當客戶跟我買保單之後，雙方的關係應該要更加親密**。

不過最近發生了一些事情，讓我又開始重新思考。我有一個長期配合的花店，常常幫我送花到客戶那邊，或是送到我的辦公室，再由我送花給客戶。有一次花店老闆娘送花到辦公室給我時，看到通訊處門口有我的人形立牌，就問通訊處的同事：「什麼是高峰會會長？」

同事回她：「會長就是在國泰人壽的業績第一名啊！」

她聽完之後說：「是喔！那很厲害耶！」

**當客戶跟我買保單之後，雙方的關係應該要更加親密。**

同事：「對啊！鄭經理都做大保單。」

「什麼是大保單？」

「就是保費百萬以上的客戶啊！」

「這樣啊！」花店老闆娘說完以後，把花拿給我就回去了。

過沒多久，她用 LINE 傳了兩張保單資料問我：「鄭姊，你可以幫我看一下保單嗎？」

我一看差點快暈倒了，因為她的保單這樣規畫是有問題的。於是我趕緊打了電話給她：「妹妹，我覺得有必要跟你約個時間聊一下保單的事。」

之後我到花店找老闆娘，跟她仔細說明了目前保單的狀況，該如何規畫對她會更好。接著她問我：「那我可以跟你買保單嗎？」

我說：「當然可以啊！」

她說：「你不是都做大客戶嗎？」聽到這句話我都無言了。

我告訴她：「我有一個客戶跟我買了七張保單，年繳保費是八萬七千多塊，你覺得他這樣算是大客戶嗎？」

「這樣也可以跟你買保單喔！」

她有點驚訝的說：「你不是都做百萬保費以上的大客戶嗎？」

我露出無奈的笑容跟她說：「妹妹！他也是我的大客戶。」

我頓了一下接著說：「這個客戶的年收入三十多萬元，但是為了他的家人，向我買了八萬七千多元的保單，他把收入的四分之一交給我幫他規畫，難道不是我的大客戶嗎？」

我反思了一下這件事情，覺得自己給別人的印象有點偏了。因為我總是認為，客戶無論保費高低，都是我的大客戶。不過我有成交大額保單的紀錄，很容易被誤認為我只接大額保單，這樣的狀況並非我所樂見。這件事情對我的衝擊很大，於是我省思過後，重新調整自己的步調。

同樣的，我也希望所有業務員都要思考一件事：**人與人之間是因為情誼建立起來，而情誼是透過時間相處、外在形象與信任所累積出來的結果。**

建立情誼、形象跟信任的過程很漫長，但是毀滅這些卻很快。所以，一定要多珍惜自己跟客戶的情誼、信任，我認為這是業務員最重要的態度跟想法！

## 自我超越，終身學習！

保險業是一個非常有趣的行業，在保險業當中，需要懂的知識、技能與資訊很多，不斷充實自己，是每個保險從業人員應有的信念！我在前幾年重新回到文化大學，上了大學進修部。我坐在講臺下聽著教授們講課，聽他們把一生的研究心血告訴你。

我常常覺得，聽這些老師講課，就好像讀了好幾本書，而不是只有一本書。過去我總認為自己很忙，沒有時間看書，但是當我開始去上課後，覺得自己的想法逐漸有了改變。我去上課的時候，並不是抱著「我一定要拿到大學文憑」的想法，我也從來沒這樣想過，而是認為當我上課的時候，就等於閱讀了好多本書，而且教授們都幫我把重點整理好了，省下了許多自行摸索的時間，就能快速增加自己的知識，這實在是一件很棒的事情！

**唯有透過學習，自己的智慧與人生才會更上一層樓。**

大學期間至少要修一百三十二個學分，但是我卻修了一百四十八個學分。有同學問我：「你為什麼要多花錢去修多的學分？」

我說：「雖然有很多課程並不是必修，但是這些課將來或許會對我有幫助，所以我就去學習，像是『欣賞美學』、『流行品牌』、『時尚』，這些雖然跟我學的企業管理沒有任何關係，但是我覺得身處在這個講求創意的社會，還是要知道什麼叫做美學、什麼叫做時尚？這些對我很有幫助。什麼是品牌，這個品牌是怎麼產生的？教授把這些案例講得非常清楚，等於我看了好幾本書，而且教授還幫我把重點都整理好了，這就是上課的優點。」

我覺得讀書有很多好處，至於考試，是驗收你到底記了多少東西。但我覺得考試成績並不是一切，不是考得好就代表很厲害，考不好就代表很差勁，那只是驗收的過程，只要上課都有學到，不需要太在意成績考幾分。

另外，學到的知識需要與人共享，所以我都會跟好朋友或客戶分享我的學習內容。當我跟客戶或好朋友分享的時候，我就越容易記住！

蘋果公司創辦人賈伯斯在史丹佛大學演說的時候，提及他上大學的半年後，就發現自己並不是為了學位來上大學的，而是真正想學東西，於是他辦了休學，然後繼續待在學校旁聽他有興趣的課程。其中他去旁聽了一門字體設計的課程，對他來說，學習字體設計對於生活似乎沒有什麼實質幫助，沒想到後來他在設計麥金塔電腦的時候，當時所學的概念都派上用場，不但使得麥金塔電腦以字型優美而深受設計人士喜愛，更影響了蘋果公司「優雅而極簡」的美學標準。

所以我常會跟別人說：「**在學習當中，你要知道自己真正想要的是什麼。**」像我後來在讀大學時，發現唯有透過學習，自己的智慧與人生才會更上一層樓。

讀完大學後，客戶都發現我變得跟以往不一樣了，雖然我自己不覺得有什麼太大的改變跟轉變，但客戶跟我說：「你的應對進退、談話內容、深度跟廣度都不一樣了，看事情的角度也不一樣。」所以我覺得只要時間與金錢允許，還是必須進修吸收知識，這樣才能不斷進步。

雖然很多人會認為讀了很多書在實際生活上根本用不到，但是如果沒有這些學識作為基礎，哪會有實務的經驗？因此一定要用理論拓展自己的思維領域，用實務來累積自己的經驗，這樣才能真正成就自己。如果光有實務但不懂理論，一旦碰到瓶頸，就很難跳脫原來的舊有思維，進入新的境界。

當然，求學不是奠定學問基礎唯一的路，但對我而言，我覺得上學讀書可以讓自己增長許多知識跟看法，是我最喜歡的方式。

讀書是一件快樂的事，儘管當時一邊工作一邊讀書很辛苦，為了向前邁進，我堅持讀書也堅守在工作崗位，大學四年我依然沒離開過工作業績第一名的寶座，也沒放掉扶輪社會長的重責大任。

很多人常說自己很忙，根本沒有時間讀書。但其實「忙」只是一個藉口，當你想得到一樣東西，你一定要花費相當的時間、心思與體力。我看過一本書，它說人生要有五力：**念力**、**心力**、**動力**、**能力**、**人力**。

**念力**：是指一個人的思維、觀念，影響著我們的人生。

**心力**：也就是正向思維，意指面對事情，仍應正面積極。

**動力**：找到你心中的渴望，你奮鬥的理由。

**能力**：是透過學習，我們所提升的一切狀態。

**人力**：是指你的人際關係、團隊夥伴。

這五力可以決定人生，做到五力合一，一定能創造屬於自己的人生！

保險也是如此，剛開始要學習的，就是對保單的認識，並了解客戶的需求，這些一定要花時間學習。

我常說：「其實客戶就是你的老師，你遇到的客戶有千千萬萬種，而每個人丟出來的問題都不一樣，那你就會去找答案。找到答案之後，你就會熟悉，熟悉之後就會變成專業。」

**如果每天都能進步一小滴，一個禮拜之後就是一個大滴，一年就是一個大圓圈。**

很多同仁說，我一定要把東西都學好，才要去分享。我覺得這樣的想法太保守，反而會限縮前進的力量，你一定要邊做邊學，然後有檢視做修正，一定要這樣做才會有幫助。

**金融保險業的相關產品、知識每天都在更新，每天都不一樣，所以你要如何判斷你學的已經足夠了？最快的方法就是面對客戶！**因為你遇到的客戶拋出的問題都不一樣，如果客戶拋出一個你不會的問題，你再回來找答案，學習就會變得更快！

進入壽險業之後，我告訴自己，做美容業是因為我有美容的基礎。因為我在高職就是讀美容美髮科；但在壽險業，我對相關條例都不懂，所以我就是聽話照做。只要公司有課程我就去上，不管是稅法、投資等，我都不斷學習。

一九九八年十一月，我開始學習稅法相關知識，畢竟我不是這個領域出身，所以就要更加倍努力學習才行，因為我知道，金融領域是無法臨陣磨槍的！金融領域的範圍太廣，如果沒有持續學習，就無法滿足客戶的需求，更無法因應金融市場的轉變。

開始學習稅法相關資訊時，我不知道這對我有什麼幫助，但是我仍然花時間去學習。一直到二〇〇五年的時候，竟然就開花結果。我很慶幸自己有學習稅法相關知識，雖然剛開始都沒有派上用場，但是到了那一年就幫了我一個大忙！因為那時候國內稅法大變動，最低稅負制在隔年正式施行，當時很多客戶都不懂什麼是「最低稅負制」，因此都找我幫忙規畫，稅法便成了我的最佳競爭力！

當初在學習稅法的時候，我並沒有想要從中獲得利益，單純只是學習相關資訊。沒想到六年後碰上稅法改制，稅法竟然我的最大利基。有時候學習專業就是這樣，沒用上的時候似乎感覺在浪費時間，一旦派上用場的時候，就可以看到它的威力所在！

很多人問我：「為什麼一直在拚第一名？是不是想要打敗誰？」我根本不是在拚第一名，也沒有要打敗任何人，我只是把自己的事情做好。**我們所處的社會**

**是「共好」的社會，犧牲誰、成就誰絕對沒有必要！**尤其是壽險業，這是個大家都可以一起好的行業，沒有必要把誰當成對手，只要先把自己的事情做好，其實就非常足夠了。

我當時在當準設計師時，技術還不是很純熟，但是我只要每剪過一次頭髮，都會在腦海裡回想一遍，這個頭髮怎麼剪會更完美？怎麼燙會讓客戶的頭髮更漂亮？下一次剪頭髮的時候，我就會注意每一個小細節，因為這樣的用心，客戶累積的速度當然就很快，讓我做過頭髮的人幾乎都會再回頭找我。

除了做好自己的事情之外，也要懂得觀察別人，請教並學習別人的專長。在當學徒的時候，我看到店裡有一個設計師，每天都很晚才來，客戶也不多，但他的業績卻常常是在排行榜前一、二名；有另一個設計師每天從早做到晚，業績卻稍遜於他。這就激起我很大的好奇心，有一天我去請教這個設計師：「師傅！你客戶群不是很多，為什麼你的績效可以這麼好？」

他就跟我說：「我問你一個問題，你以後要當剪、染、燙很厲害的設計師，還是要當吹頭髮很厲害的師傅？」

我回答他：「當然要當技術很好的設計師，不管剪、染、燙都要會啊！」

他說：「要永遠記住你現在回答我的這一句話！」

後來我才明白他這句話，那就是讓自己成為專業！也因為這句話，讓我的客戶越來越多，也越來越優質。也因為我的專業，所以客戶都可以自己在家裡整理頭髮，不用回來找我洗頭，我也就可以空出更多的時間，迎接更多的客戶。

關於學習的領域，我跟同仁強調，所謂的學習，並不是要你一下子就變成超人，而是要你每天進步一滴就好。**如果每天都能進步一小滴，一個禮拜之後就是一個大滴，一年就是一個大圓圈。**

你只要記得：「我要比去年好！」每年都要求自己有所成長就好。而成長不是只有業績，還包括你的家庭、事業、財務、交友、公益等不同領域，人生有很多的面相都可以成長，只看你怎麼去做！

## 我的字典沒有敵人，只有達成目標！

曾經在一個老闆的壽宴中，主人邀請我跟另外一家保險公司的業務員赴宴。正聊得起勁的時候，那位老闆突然指著我們兩人說：「你們算是競爭對手吧？」

我笑笑回答：「我們是同行，不是競爭對手！」

這句話引起那位老闆的好奇，他問我：「你們兩家公司不是一直都是市場上的競爭對手嗎？」

我還是笑笑的說：「就算我們是競爭對手，也是良性的競爭對手，客戶才是真正的贏家！」

在商場上很多人都會稱呼同業「競品」、「競爭對手」，感覺上就是要拚個你死我活，好像市場上有你就沒有我，彼此間一定要分出個輸贏，我非常不認同這樣的想法。

我認為把同業當做競爭對手這樣的想法，很容易淪為惡性競爭，為了要成交、拿到訂單，可能用盡許多不正當的手段，包括批評別人的商品、削價競爭、模仿對方的創意等。

曾經有一位客戶的女兒，拿著保單質疑我多賺她媽媽的錢。我聽到的時候根本是一頭霧水，不知道發生了什麼事情，後來我才明白，當初她媽媽跟我買保險時，繳了兩、三年之後因為經濟因素沒有辦法繼續繳下去，只好辦理減額繳清。

幾年後，媽媽的經濟狀況好轉了一些，才跟我再買第二張保單。沒想到客戶女兒的業務員竟然跟她說，我是為了要多賺客戶的錢，才要她辦理減額繳清，之後再慫恿她買第二張保單，這樣子我就可以多賺一些佣金。

當下我問客戶的女兒：「你知道媽媽為什麼要減額繳清嗎？」

她說：「不知道。」

我又問：「你知道媽媽那幾年經濟狀況很難過嗎？」

她說：「我不知道。我只知道我沒有錢的時候，跟媽媽拿就有了。」

**一個好的業務員，一定要把焦點放在客戶身上，並提升自己的專業、服務。**

我說：「是啊！你可以回去問媽媽，當初就是因為媽媽經濟狀況有困難，沒辦法繼續繳保險費，不得已的情況下才會辦理減額繳清。這幾年媽媽手頭比較寬裕了，想要把保障做足，才來找我買第二張保單，不是我要賺你媽媽的錢。」

客戶女兒聽完後，回家問媽媽詳細的情況，才發現我所說都是真的。

另一個經營早餐店的客戶也很有趣。其他業務員竟然跟他說，買保險的時候可以退佣金，所以他回頭問我可以退多少佣金給他，才決定要找誰買保險。當下我真的有點無言，也為那位業務員感到可悲，竟然得用這種方式來爭取客戶。

我說：「老闆，請問一下，你紅茶的成本是不是不高？」

老闆說：「是啊！」

我又問：「但是你為什麼一杯要賣十五元？是不是要支付

塑膠袋、杯子、吸管、電費、瓦斯費、員工薪水等費用？」

老闆：「那當然啊！」

我又問他：「所以這些管銷成本都要算在裡面對嗎？」

老闆很自然的說：「對啊！」

我就跟老闆說：「對啊！你需要支付這些管銷費用，我也要啊！我開車來要油錢，吃東西也要錢，有時候客戶生日買禮物也要錢，對吧？」

老闆笑笑說道：「也是！」

我非常不贊同用退佣金的方法來招攬客戶，也不贊同客戶以退多少佣金做為投保的考量。我常跟客戶舉例，假設A業務員退佣5元，B業務員退佣6元，C業務員退佣7元，結果你因為C業務員退的佣金最多，就向他買了一張保單。結果不到半年，C業務員做不下去離職了，你的保單頓時就成了孤兒保單。這樣子你到底是賺到還是損失呢？因此我非常堅持不用退佣的方法來招攬保戶。

我常會開玩笑說：「**我的字典沒有敵人，只有達成目標！**」

我認為，如果一心只有敵我意識的時候，就會把焦點放在其他同業身上，而不是專心放在專業和服務上，來達成自己的目標！

我認為一個好的業務員，一定要把焦點放在自己身上，放在客戶身上，如何提升自己的專業、服務，讓客戶願意選擇你成為他的業務員。而不是只會用惡性競爭的方法，說對方的壞話、削價競爭等方式取得保單，這才是經營保險事業的正道！

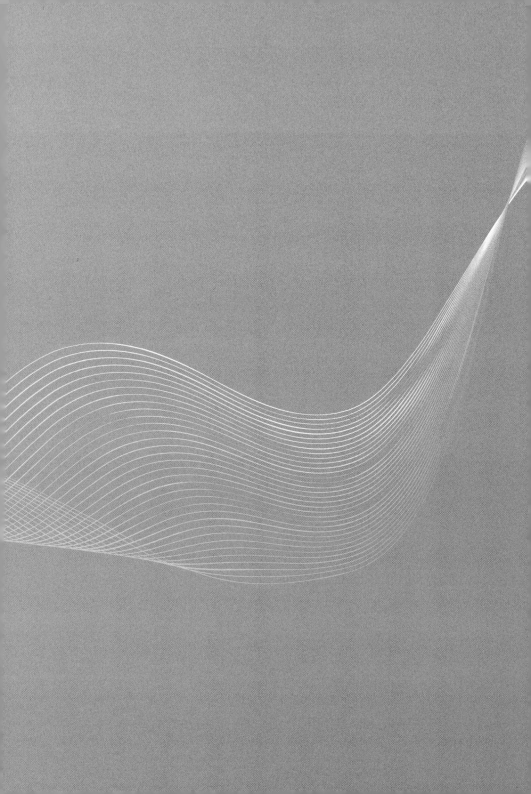

# 第二章

# 客戶是需要用心經營的！

# 用分享代替銷售

很多人會認為，做保險開發新客戶很辛苦、很麻煩，而且要推銷給別人，讓人覺得很不舒服，對此我持不同的看法。**事實上，做保險就是在分享觀念！**任何一件事情，抱持著分享的心情就好了！不用想太多，每一件事情要站在對方的立場想。你不能一天到晚只想著賣多少保單能得到多少佣金，而是要先想看看客戶買了這張保單能得到多少好處？客戶得到利益了，你自然就會得到好處，如果客戶連半點好處都沒得到，你又怎麼會得到利益？這一定是互相的！

我曾經在業務會議中分享一個案例，也是我過去在美髮業的例子。大家都知道，如果有燙、有染的客戶，都需要護髮，讓頭髮能夠得到保護。以前護髮課程一次就要八百元，如果客戶買一組護髮商品則是一千兩百元，但這一組商品可以做十次護髮，平均一次一百二十元。你會請客戶買一組商品還是做一次護髮？

**為客戶創造最好的利益，讓客戶真正信任你，**

**才能創造雙贏。**

很多人會說：「當然是八百元的護髮課程啊！這樣子客戶才會常常來。」但我的作法剛好相反，我會盡可能推薦客戶選擇買一套護髮產品回去！為什麼？因為我是站在客戶的立場想，如果客戶買一套護髮商品後，他只要花一百二十元就可以護髮一次了，但是到美容院護髮一次就要八百元，兩者相差了六百八十元，這樣客戶不就虧大了嗎？所以我都會推薦客戶直接買產品。

其實我這樣的想法，就是客戶的想法。如果我是站在賺錢的立場，那麼我就跟客戶站在對立面。如此一來，客戶以後還會信任我嗎？由於我站在客戶的立場替她著想，這樣的組合對她最划算，我就可以理直氣壯的分享給客戶，讓客戶知道這樣的資訊。如果對方還是要買八百元的課程，那就是對方的選擇，因為她可能喜歡來美容院享受我的服務。

我的觀念是：**為客戶創造最好的利益，得到最好的利潤，要讓客戶真正信任你，是因為你設身處地為他著想，才能創造雙贏。**我在當助理時就會這樣想，應該要先想到客戶能得到什麼樣的利益，如果客戶得到了好處，我們就會得到利益。所以當時在美容院的銷售冠軍幾乎都是我，因為我覺得這樣做才會長久。

推銷保險的時候，我也會先想，如果我把這樣的資訊分享給客戶，是站在我的立場，對我有好處，還是站在對方的立場，讓對方能夠得到好處？如果是為了對方好，我就會挺起胸膛，直接把這些資訊分享給朋友，讓他們知道有這樣的訊息，但是並不強迫對方購買。

我最常對客戶說的一句話就是：「**您有知道訊息的權利，我有告知資訊的義務。**」透過分享，告知客戶目前的資訊，不強迫購買，讓對方替自己做選擇，彼此心甘情願，生意才能長長久久。

# 三分力經營老客戶，等值於十分力開發新客戶

有一些業務員經營保險的時候，很努力開創新客戶，不斷的參與各種活動、演講、擺攤等，希望找到更多新客戶。但這些業務員卻沒有發現到，他們身旁的老客戶正一點一滴的流失。最後，造成新客戶不買單、舊客戶不斷流失，陷入進退兩難的局面，讓原本經營的一片江山都付諸東流。

有一次小孩子感冒，我帶小孩去國泰醫院看病。在櫃臺結帳的時候，我拿出國泰保戶卡給櫃臺小姐，因為國泰保戶卡在國泰醫院看病可以享有一些折扣。後面一位阿嬤看到我拿出國泰保戶卡，就問我：「小姐，你剛拿的那張是什麼卡，為什麼可以有折扣？」

我說：「那是國泰保戶卡，只要是國泰人壽的保戶都有。」

阿嬤說：「是喔！但我也是國泰的客戶，為什麼我沒有那張卡呢？」

那時候我純粹出於好心幫忙，就跟阿嬤說：「阿姨！沒關係，你給我名字、出生年月日跟身分證字號，我去幫你申請一張，送到你家。」

她回答：「我現在在醫院照顧孫女啦！我孫女被開水燙傷住院。」

我跟她說：「你孫女在幾號病房？我到時候幫你辦好就送過來。」

阿嬤的保戶卡申請下來後，我就專程送去醫院給阿嬤，還稍微聊了一下。要離開的時候，阿嬤告訴我她的住處，孫女什麼時候出院，要我到時候再去她家坐坐。就這樣，我認識了一個新客戶。

一開始我是抱著分享的心態，壓根沒想到業績的事。後來我到阿嬤家聊天的時候，發現她有保險的需求，所以就促成了一張保單。原本我只是想要幫忙，沒想到卻產生了業績。

有時候我會想，很多人都在擔心沒有業績，但是我反而想問的是：「你的城牆鞏固好了沒？」這是什麼意思呢？其實臺灣的人口就這麼多，你的舊客戶就是別人的新客戶，如果你沒有照顧好自己的客戶，沒有鞏固好你的城牆，那麼別人

**業務員對於保戶的照顧，如果疏於照料，過去認為是堅固的城牆，年久失修也會倒塌。**

自然就會約走你的客戶，成交你的客戶！

以這位阿嬤來說，原本她應該是公司其他業務員的保戶，但是對方沒有好好照顧保戶，讓阿嬤不知道有國泰保戶卡。這時候透過我的分享，就讓阿嬤覺得很窩心，自然會想跟我買保險。業務員對於保戶的照顧，應該像是萬里長城一樣堅固，但是如果疏於照料，過去認為是堅固的城牆，年久失修也會倒塌。

如果你一心只想開拓新的客戶，卻忽略了照顧老客戶，業績怎麼會穩固呢？所以我覺得業務人員一定要先鞏固好自己的老客戶，先從既有客戶做好分享，這樣才有拓展業務的空間！

# 大顆石頭，需要小石頭來撐

在壽險業界當中，可能有很多人把我歸類為頂尖業務員，也許一件大案子就可以達成別人好幾個月的目標。也因為如此，這些人總認為我只要成交一件大案子，就可以好幾個月不用工作，這樣的想法實在是天大的錯誤！頂尖業務員也是從小客戶累積起來的，以我來說，雖然我有大的客戶，但我每個月的平均件數還是很多，平均一個月都有八到十件的成交保單。在高峰會那段時間，每次都有四、五十件以上，等於平均每個月有十多件的業績。也就是說，我也有很多小的案子在進行，才有這麼好的成績！

我常說：「**沒有小客戶，哪來的大客戶！**」所以業務員應該要有大、小客戶我都要的心態。在壽險業裡，每個人的需求不同，有人重視家庭保障，有人重視資產規畫，這些都是不同領域。如果客戶重視的是醫療保障，你覺得這個保單的

**沒有小客戶，哪來的大客戶！每一個客戶都是你的貴人。**

金額會大嗎？不會；但如果客戶重視的是資產規畫，那就會是大金額。所以要清楚認知不同客戶群的不同需求。

此外，絕對不要認為大金額的案子才是好客戶，小金額就不是好客戶！每一個客戶都是你的貴人，所以你要一直動一直動，一直去轉動，這樣你的業績才會越來越好！

事實上，有些業務員開始接觸大客戶之後，就會慢慢疏忽小客戶，這樣的心態很要不得。我經常跟業務同仁說：「基礎客戶（也就是小額客戶）是你業績長紅的來源，大客戶是讓你加分用的，就像考試一樣。大客戶並不會一天到晚都在做資產規畫，但基礎客戶可能因為加薪升遷或是家裡多了成員而需要增加保障，所以會找你進行規畫！」每一個客戶都要重視，我認為每個客戶都一樣，不要分有錢、沒錢、富貴或貧窮。

常常有人問我：「為什麼你總是堅持感謝和平島的那群客

戶呢？」

我會回答：「雖然他們的案子都不是很大，但我真的很感謝他們，如果沒有他們的支持，就沒有今天的鄭淑方。」也因為這些客戶，才有後續的大客戶，才讓我有辦法再挑戰另一層目標，因此我覺得他們都是我的貴人。

不管是基礎客戶或高資產規畫客戶，都是我的貴人！每一個人都希望自己有很多保障、可以存很多錢，但因為每個人的人生財富累積不同、年齡不同、財務狀況也不一樣，就算是基礎客戶，未來也有機會變成高額客戶，所以我總是一再強調：**沒有基礎客戶，哪來的高額客戶！**

# 保單，是客戶跟你的連結！

有時候我會想，我經手的每一張保單，其實都是一個家庭的故事。

之前我有一個小額保單客戶，一年繳三千多元，這是非常少的業績。但是我知道，這個客戶在經濟上真的很辛苦，她先生、公婆生病，自己還要獨力撫養兩個小孩，等於她一個人要養五個人。所以她很清楚，一旦自己發生任何事情，這個家也就垮了，她就從收入當中想辦法湊點錢買保障。於是我幫她規畫一張低保費、保障高的終身醫療保險。

十六年後，她的小孩慢慢長大，開始有賺錢能力了，家庭結構也有了改變，於是她找我規畫第二張保單。我打從心底替這個客戶感到高興，這代表她現在的生活改善了，情況越來越好！這十六年來，我看到這個家庭的轉變，也看著她的小孩從國小、國中一路到出社會工作。讓我最感動的是女人的韌性，你可以看到一位媽媽，面對到如此惡劣的狀況，她沒有任何逃避，而是一個人挑起了這些重擔，一個人扛起了一家子的責任。我想這就是母親對小孩的愛吧！在她身上，我可以看到母愛發揮得淋漓盡致，我衷心敬佩那位媽媽。

我有另外一個客戶，也是因為家裡男主人生病，讓原本就不富裕的家庭，頓時失去經濟支柱，太太也沒有謀生能力，所以只能用剩下的一點積蓄擺一個小水果攤來維持家計。有一天女主人跟我說，她想用保單貸款，因為她的丈夫生病，家裡每天都有開銷，沒有錢讓小孩繳學費，所以想要用保單借款，好讓最小的兒子可以註冊讀書。

就我所知，那時她家三個小孩當中，有兩個小孩都已經畢業在工作了，只有最小的兒子還在讀國中。當我聽到她說想用保單貸款時，其實我有點納悶，不是兩個女兒都在工作了嗎？但是我還是準備好相關文件到她家，並請她讓兩個女兒一起參與討論。

當時我跟她女兒說：「阿姨比較雞婆，想要問問看，為什麼你們兩個都在上

**透過保單看到的，是一個個家庭，為了保衛自己的一切，向保險公司購買一份保障。**

班了，媽媽還必須要用保單貸款，用貸款的錢才能讓弟弟註冊呢？」這個問題讓兩個女兒當場無言。

接著我的口氣有點重，跟她們說：「現在你們都在上班了，難道不能每個月省下五千塊嗎？難道要把錢都花光光嗎？現在家裡面臨到問題，是不是應該要一起努力、一起面對呢？現在媽媽需要用保單貸款，我當然也可以直接幫媽媽辦。但我更希望你們可以幫忙媽媽跟弟弟，一個月拿五千塊給媽媽。如果可以的話，你們每個月給弟弟一千塊零用錢，全家人一起渡過難關！」透過我的雞婆，最後並沒有辦理保單貸款，兩位姊姊也一起幫家裡渡過難關。

在很多人眼中，保單就只是幾張紙、一份契約，是冷冰冰的白紙黑字，是死的文件。但是我透過保單看到的，卻是一個個家庭，為了保衛自己的一切，向保險公司購買一份保障，讓他們能夠全心為自己的家庭打拚！對我來說，他們真的很偉大！

每個小井市民都有自己的故事，有些還是非常感人的故事。社會上很多有名的企業家，也是從很辛苦的環境慢慢爬上來。很多人會說那個人好像很好命，或貼上富二代的標籤，但其實不然。有時候我看到高資產客戶，為了要負起社會責任而經營公司，他們的出發點也教人敬佩。

總之，每一個人都有自己的故事和自己所扮演的角色，我認為只要能夠扮演好屬於自己的角色，就能讓社會更加和諧。事實上，我認為很多人默默在為臺灣付出，所以希望報章媒體可以多多報導正向的一面，讓正向的能量能夠傳遞給更多的人，形成一個善的循環。

# 用真心做的事，最動人！

我剛開始踏入保險業時，因為財力不夠，沒有辦法買禮物送給客戶，所以我常常想，要怎麼表達我對客戶的感謝呢？後來我想到，沒錢有沒錢的作法啊！於是便跑去迪化街買材料，自己動手做花，然後再放上一顆金莎巧克力。母親節的時候，我就送客戶康乃馨；情人節的時候，我就送他們玫瑰花。或許我是個性比較浪漫的人，會主動表達，從沒有想過要得到什麼回報，卻也因為這樣的舉動，讓很多客戶感到非常溫馨。

做了十幾年保險，每一年我都會送康乃馨或玫瑰花給這些客戶，自己做的或是真的康乃馨都有。我之前有提過，最挺我的客戶就是和平島的媽媽們，所以我每年一定都會到和平島去送花。到最後，和平島這些媽媽們，每年都很期待我送的康乃馨或玫瑰花。但是有一年，我因為有事情出國，沒有辦法送玫瑰花，而當時我也很大意，認為應該沒有什麼太大的關係，也就沒特別交代請人幫忙。

結果，兩、三天後我再去和平島時，她們就很失落的跟我說：「你知道嗎？我們都在等你送玫瑰花吔！」那一天她們從早上八、九點等到中午十二點、一點，為的就是等待每一年的溫馨。當時看到她們期待落空的表情，我心裡非常自責。所以我告訴自己，因為自己的疏忽，讓她們這麼失望，此後絕不能發生這樣的錯誤！

經過這件事情，我發現對她們而言，一朵玫瑰花不只是玫瑰花，而是一種感情的連結。沒有收到玫瑰花，就會讓她們覺得很失落，直到現在，我還是對這件事耿耿於懷，因為她們臉上失落的表情，至今仍深深烙印在我腦海中，時時提醒著我。也許這些和平島客戶並不知道，我是多麼在意她們，但我告訴自己，不允許自己再犯這樣的失誤了！因為那不只是一朵玫瑰花，而是我跟她們之間交情的代表。

有時候做好業務，並不是要送一堆禮物給客戶，當你手頭沒有那麼充裕的時

**送禮，就是要送到心坎裡！不需要花太多錢，**

**但是要讓客戶感受到你的誠意。**

候，可以選擇自己ＤＩＹ，自己動手做一些小卡片、小禮物、手工果醬之類的東西，不需要花太多錢，但是要讓客戶感受到你的誠意，這樣的禮物才真正有意義，才是你跟客戶之間情感的維繫。

**送禮，就是要送到心坎裡！**

# 我做什麼，就要像什麼！

我覺得做業務，不要覺得星期六、日還要工作很辛苦。我的工作經驗告訴我：「**工作生活化，生活工作化。**」懂得把工作融入生活中，這是很重要的。就像過年我也在工作，但我從不覺得自己在工作。我覺得人生的一些想法很重要，當你把工作純粹當成工作的話就會覺得累，但如果你把工作當成生命的一部分，還會很累嗎？

你會開始有自律，還會自己設定目標，並且朝著目標邁進，也許目標不是一朝一夕就可以完成，但只要抓住這個目標，一定可以慢慢前進。我常舉一個例子，如果這條路封起來了，為什麼不繞路，一定要站在那裡等路修好才走呢？那裡本來是一堵牆，你為什硬要去撞這堵牆？難道不會繞路嗎？我覺得很多方法都可以去嘗試，然後修正、再做、再檢視，慢慢就可以達到目標。

我常跟我的同仁、好朋友、孩子分享，還有我也勉勵，一個新進的業務人員一定要聽話照做。因為你要把最基本的學好，所以一切聽話照做就是了，畢竟主管不會害你，所以他們會把這些基本功毫不保留告訴你。當你聽話照做，有了一定成果出來後，一定要再加上自己的想法、創新及專業，才能處理更多的狀況，在保險業沒有任何一件事可以永遠用同一種方式得到成功的。

你基本的專業是不能偏離的，但是每個客戶的需求不一樣，就像這個客戶明明需要保障，但是你一直跟他講儲蓄；明明他需要儲蓄，你卻一直跟他講保障。你碰到牆有沒有轉彎，這些都是要自己去設定的，到了這個階段，不能再每件事都依賴主管教你。

業務人員的工作時間很彈性，因此自律也相對重要。老闆不會規定業務人員一個月只能領十萬元，你的薪水是自己去創造的。有時候在月初就要設定好這個月的目標，也許到了月底發現和目標值差很多，但下個月可以補回來，你可以慢慢前進，而且要循序漸進、一步一步來，不要好高騖遠，一下子把目標訂太高。

你知道你的目標要十年、二十年達成，你不能間斷。

很多人問我：「你都不會累嗎？」

我當然會累啊！但我不允許自己有這樣的念頭，因為我的目標還沒達成。也許我這樣講，有人會覺得我好像很偉大，其實那是職務上的調整，除了把我的客戶服務好以外，我還希望團隊裡的每個人都能更好，都能賺到錢，那是我現在的首要任務之一。我要讓每個同仁都在富有、快樂的環境裡工作，這樣他們工作起來才會快樂。

事實上，公司給頂尖業務員跟新進人員的資源都是一樣的，就看你有沒有善用資源。以自律來說，如果每天上班遲到，這樣子的紀律好嗎？我常和同仁分享一個觀念，如果你上班遲到，每個月的目標也沒達成，那你要怎麼要求兒女上課不能遲到，考試要及格呢？想想身為父母的你有沒有以身作則？我覺得身教與言教都很重要。

很多人說我的子女都好優秀，我也認為他們很棒，因為他們很有紀律，自我

**工作生活化，生活工作化。懂得把工作融入生活中，這是很重要的。**

管理很好，我覺得這樣就夠了，而不是要他們考第一名或得到多少獎狀。我常跟我的小孩說：「你自認為你讀出來的成績是滿意的，你考到的學校是自己滿意的，那就是第一名。」所以自律很重要，想法、信念也很重要。

我的團隊如果有新人進來時，我都會跟他們說：「有兩件事如果你能做到，就可以進到我的團隊。第一件是不能跟同事去吃飯，第二件事就是不能跟同事去喝咖啡。」

為什麼我這麼在意這種事呢？因為你跟同事吃飯、喝咖啡，同事會給你帶來任何績效嗎？吃完飯又喝個咖啡，時間都浪費掉了，如果你又覺得好累，想回家休息一下，或是做一下自己私人的事，一天一下子就過去了。

我告訴同仁：「除非是團體活動、單位與公司的事，或是單位主導的午宴、晚宴，這些是你要支援單位的活動，那就另當別論。」新人剛進來時，我都會跟他們講這件事，一個人只要能做好自律，客戶都可以慢慢培養。

單位裡面也是，現在我轉換一個職位，你到一個新職位去挑戰的時候，面臨的還是人的問題，人與人之間最大的問題還是人的問題。

我剛接下這個職務時，部門的績效不盡理想，同仁的士氣跟活力也不是很好，我就跟同仁講，我們今年一整年下來，上半年的業績已經過了，我們就像登山的人，已經爬了一半的路，等你爬到了山頂，就會看到一片美麗的風景。

但是我們現在處於半山腰，你要繼續前進，還是要撤退下山，這就是你的選擇。如果你往上爬，可能會更加辛苦，但是卻可以看到美麗的山景；如果你選擇下山，就是回到原點，等於這座山都沒有爬過。為什麼有人能登百岳，而你一岳都沒登過，差別就在於心態。

像我以前騎摩托車到和平島，路程都是一趟一個小時，去一個小時、回來一個小時，我從忠孝東路四段騎到基隆廟口四十分鐘，基隆廟口到和平島要二十分鐘，這對大部分的人來說，絕對是非常累人的事情。但我只能說，你要的是什麼樣的人生？你的人生要怎麼規畫？你有什麼目標？自己都要非常清楚。

曾經有人問我：「你有什麼目標？」

我說：「我的目標就是把每一件事做好！」

我做什麼，就要像什麼。我在當扶輪社社長時，也是抱持著「**做什麼，就要像什麼**」這種想法。身為社長，就要把社務工作做到最好，服務好所有社友，讓所有社友與有榮焉。

我認為，**只要用心扮演好每一個角色，目標就達成了。**

# 不問，絕對沒機會！大膽要求轉介紹！

開發客戶，是業務員最重要的功課，通常也是最頭痛的課題。很多人會選擇加入民間社團、參加演說等來增加人脈，同時建立準客戶名單。這些方法不但可以訓練自己，同時還可以學習。但是我認為真正能增加客戶的方法，最直接的還是要求「轉介紹」。

事實上，我很少主動請求客戶幫我轉介紹，因為大部分都是客戶主動介紹朋友給我認識。不過有一位客戶很不一樣，他從來都沒有幫我介紹過客戶，於是有一天我就大膽問他：「我真的服務不好嗎？不然你怎麼都沒有幫我轉介紹？」

他當時說：「你的服務很好啊！」

接著馬上對我說：「好！我給你一個名單，不過這個名單在南部喔！」

我說：「沒問題！」

**你做的任何一件事，都是為未來鋪路。要讓別人願意轉介紹，最重要的就是服務！**

當我拿到名單後，就跟對方聯絡，隔天便專程南下拜訪他。最後，這位客戶也成了我的好朋友。

我常對新進同仁說：「**你是把客戶當朋友，還是把朋友當成客戶？**」如果你把朋友當客戶，那麼你的業務就會有一搭沒一搭；如果你真心將客戶當朋友，用心去對待他們，反而會有做不完的業務。至於要把朋友當客戶，還是要把客戶當朋友，這是你的選擇。對我來說，我選擇真心以待，我的客戶就是我的朋友，所以我可以擁有源源不絕的案子。

像我現在帶新進同仁拜訪完客戶後，就會在車上問他們：「你們想想剛剛經理哪裡做得好或做得不好的地方？」

結果這些新人都會問：「經理，你這些客戶怎麼來的？」

我就跟他們說：「轉介紹來的。」

他們說：「經理，我跟了你三個月，怎麼都是聽到你的客戶是轉介紹來的，都沒有聽到你是怎麼開發的？」

說真的，**我的客戶有99.9%都是轉介紹的。**

**要怎樣讓別人願意轉介紹呢？我認為最重要的就是服務！**如果你有幫客戶好好著想，站在他們的角度規畫保單，他們都會感受得到，並且會幫你介紹客戶。一個金控公司老闆娘，也是別人轉介紹的客戶，她曾經對我說：「你知道嗎？很多人都說你規畫得很好，而且你幫我規畫的商品，也是最適合我的商品。」

後來我才知道，那些說我規畫得很好的，都不是一般人，而是其他公司的保險業務人員。

因此我覺得，**你做的任何一件事，都是為未來鋪路**。如果你做對客戶有益的事情，別人看到你所規畫的保單，就會對你讚許有加，不會因為同行就批評你；如果你真的做得很好，客戶自然會幫你轉介紹。

為什麼業務人員需要轉介紹呢？因為轉介紹有幾個重要的價值：

**第一、有基礎信任度：**

當客戶進行轉介紹的時候，通常是客戶最好的朋友或是最信任的人，這樣的客戶對業務人員來說，信任度不會從零開始。

假設有兩個準客戶：一個是在社交場合中遇到的新朋友，他對你一無所知，必須要重新認識你，那麼信任感是從零開始；另一個是客戶介紹他最好的朋友給你，這位新朋友一定會收到客戶告知的訊息，知道你的狀況、為人、個性等，這樣的信任度就不是從零開始，而是一開始就有了基礎信任，這樣的基礎信任就是從老客戶來的，在經營客戶上就會更加容易。

**第二、備受信任：**

客戶願意把他的朋友介紹給你，這代表什麼意思？這代表他對你的服務、規畫都很滿意，才會把客戶轉介紹給你。如果客戶不滿意你的服務，怎麼可能會把親朋好友介紹給你呢？躲你都來不及了！因此，做好基本功，好好服務客戶、替客戶設想，規畫好商品，當你開口要求轉介紹的時候，可能性當然就會大增！

**第三：對方可能有保險需求：**

一般來說，當客戶願意轉介紹朋友給你的時候，除了對你的信任之外，通常還有可能是因為對方有保險的需求！有些比較熱心的客戶，他們可能在跟朋友閒聊時，聽到隔壁王太太談到家裡小孩受傷、醫藥費很貴等對話，就會告訴對方保險的觀念，而且會轉介紹給你，因為你會幫他做最合適的保險規畫。如此一來，對方其實已經有購買的需求，而你的出現，正是促成購買最好的時機！

日本的保險大師原一平在書中曾說：「我每年年末時，都會請十個客戶吃飯，但這十個人要講出我的十個缺點。」

如果有人批評你，你受不受得了？如果你做得夠好，怎麼不敢要求別人轉介紹客戶給你？除非你沒有做好該做的服務，當然就不敢要求。沒有一個業務人員可以做到百分之百，但是自己有沒有盡心盡力、親力親為，自己心裡一定是最清

**客戶願意把朋友介紹給你，代表他對你的服務、規畫都很滿意，才會把客戶轉介紹給你。**

楚的。當你盡力了，客戶也看到你的努力，當然就會願意轉介紹給你。

轉介紹是保險業務源源不絕的關鍵，很多人在做業務的時候，總是想要不斷開發新客戶，這樣子每次的信任感都得從零開始（有些人一聽到你在做保險，說不定還會從負數開始），經營上非常辛苦。但如果你願意好好做服務，讓客戶進行轉介紹，那麼你的生意就會長長久久。

**好好服務老客戶，讓老客戶幫你帶來準客戶，這樣才是最省力、最事半功倍的方法！**

# 客戶會看懂你的心！

金融業的大部分業務員，不論是銀行理財人員、保險業務員，還是證券營業員等，都希望能擁有大客戶，獲得更好的利潤。但是跟大客戶的業務交涉，所需耗費的心力遠比想像中困難得多。以國內金融從業人員人口來算，大概就有七十多萬人，光保險業務人員就超過三十萬人。而擁有大筆資金的客戶卻不多，根據瑞士信貸銀行（CreditSuisse）二〇一三年「全球財富報告」的統計發現，國內資產超過三千萬元的成年人口約有三十萬六千人。

透過這樣的數據就可以觀察到，平均每位大客戶身旁一定會有一到三位以上的金融從業人員。既然這些客戶身邊有金融相關人員，那你憑什麼在這些人當中脫穎而出？更何況這些大客戶能擁有這麼多的資產或收入，對於金融體系自然不會陌生，你又要如何說服客戶，你是最佳選擇呢？

**用時間去證明自己的用心和誠意，用堅持去打開客戶的心房。**

如果想要經營大客戶，首先一定要充實自己的專業能力。不管是保險的專業、金融的專業，甚至是稅務、公司經營、土地、房屋等議題，你都要涉獵、理解，並且能夠回應相關的問題，甚至提出獨到的見解。如果沒有這些專業能力，客戶憑什麼要把數百萬、數千萬、甚至是上億的資產交給你規畫？

其次，你的服務是不是真的到位？在服務大客戶之前，你必須了解這些有錢人在想什麼，他們重視的是什麼。以服務速度來說，很多大客戶對於速度的要求超乎一般人的想像。譬如他請你規畫一筆資產的應用，或許一般人在一週內完成，就會覺得沒問題；但是對於大客戶，特別是經營企業的客戶，他們對於效率的要求很高，如果你的服務沒有效率，他們就會找另外一個業務員，而不會想要跟你買單。

此外，他們對於希望你能幫忙的事情，你絕對要做到超出對方的預期。有一次國際巨星瑪麗亞凱莉來臺灣開演唱會，有一個客戶傳訊息問我：「這次瑪麗亞凱莉的演唱會，國泰人壽有贊助嗎？我要ＶＩＰ的位子。」

這時候你會怎麼做？大部分的人看到這則訊息，通常會回：「抱歉！我們公司這次沒有提供任何贊助，所以沒辦法提供ＶＩＰ的位子。」

但是我並沒有這樣做。

我透過朋友的關係，請朋友幫忙想辦法拿到ＶＩＰ的門票，確認之後我傳簡訊告知客戶：「雖然這次本公司沒有贊助，但是我已經取得ＶＩＰ門票，再約時間送過去給您。」

如果你是這位客戶，你會不會持續跟我保持好關係？有財務的規畫會不會交給我呢？一定會的！因為我所達成的結果，已經超出對方的預期，之後就會更加信任我，相信我可以幫他辦好事情。

最後，你所堅持的時間，影響大客戶對你的觀感。在金字塔頂端的客戶，是金融從業人員的必爭之地，如何在激烈的競爭中脫穎而出，獲取客戶的青睞和信任？最重要的一點，就是業務人員要**用時間去證明自己的用心和誠意，用堅持去打開客戶的心房**。當你有這樣的心理準備之後，再去開發客戶，這樣才不至於徒勞無功。

做好各項準備之後，再來要知道如何尋找大客戶，這時候就要下工夫研究，在哪些場合可以碰到這些人。以行銷的觀念來說，就是要先找到你的準客戶，然後才能進行銷售。找到大客戶之後，又要如何經營？先做好這些功課，才有辦法真正虜獲大客戶的心。

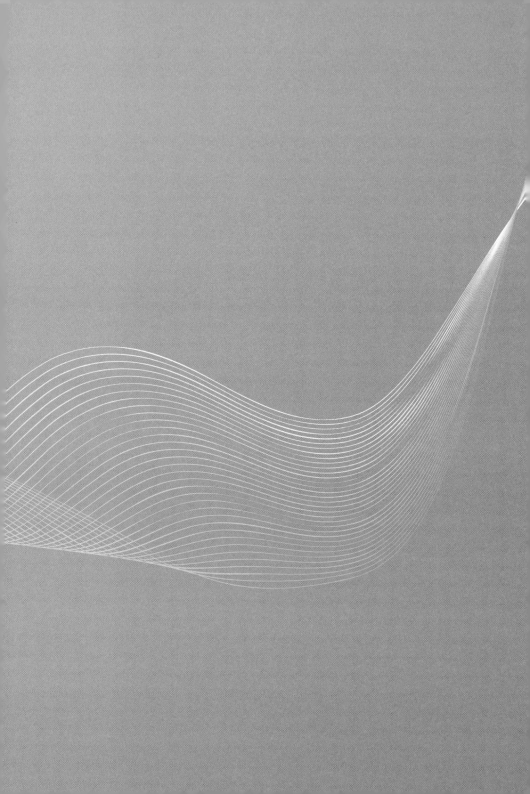

## 第三章

# 專業，才能成就事業

# 沒有教育訓練，沒有業績！

從事金融保險業的門檻很低，只要通過保險業務員資格考試，再找到保險公司登錄，都可以成為保險業務人員。但是要成為專業的壽險業務員，就不是這麼簡單的事情。因為現在的保險商品已經不像過去，只有保障型的商品，還有投資型商品、基金、債券、信託、外幣等，每種商品都提供客戶不同的功能，如果沒有專業，只憑著一張嘴就想要客戶投保，已經是不可能的事情了！

很多人剛進保險業時，通常都是從親朋好友開始推銷，讓他們當成為自己的客戶。那時候我妹妹告訴我：「姊！如果你不夠專業，我不會跟你買保險！」妹妹的話深深點醒了我，如果我的專業度不夠，親戚朋友更沒必要跟我買保險，所以要怎樣充實專業非常重要。

以保險來說，在大學有保險相關學系，需要花四年的時間，才能夠徹底了

**第一張保單可能是靠人脈，第二張保單是客戶看你勤勞，第三張就是看你的專業程度！**

解相關學理。幸好我們不用學到保險精算，因為保險公司會有精算師幫我設計好商品，會有理賠人員幫我處理後續的理賠程序。保險從業人員雖然入行的門檻低，但卻是站在第一線的服務人員，所以需要學習的專業更多，其中最重要的一項就是：**如何幫客戶規畫保險。**

過去保險從業人員給別人的印象，就是親戚、朋友、姑姑、阿姨等，拿著保單跟你說：「要不要買保險？」、「這張保單可以儲蓄、賺錢、生利息！」……等等，但是到了現在，社會資訊越來越發達，已經不能用這樣的方法來做保險，而是要不斷精進自己，把自己當成專業人員。所以我常說：「**第一張保單成交可能是靠人脈，第二張保單是客戶看你勤勞，第三張就是看你的專業程度！**」

那要如何學習到保險的專業呢？首先，一定要把基本的保險證照先考到，並且真正了解教材上面的內容。現在的壽險業務人員考試分為「金融市場常識與職業道德測驗」、「保險法規」、「保險實務」三項科目，當中就有許多的專業可以學習，裡面的教材看似很基礎，但是卻很實用。除了壽險業務人員考試之外，保險業務員還要擁有其他兩張證照：「投資型保險證照」與「外幣收付非投資型保險證照」，這些都是非常重要的證照，一定要考過拿到才行！

除了專業證照外，我非常建議從事金融業的人，一定要每天看新聞，特別是財經新聞！因為金融行業的資訊波動很大，掌握資訊的速度決定了你的專業程度。以健保的長期照護保險來看，在二〇一六年的時候上路，這時候市場上對於長期照護的資訊或是需求就會增加，如果懂得適時與客戶分享相關資訊，就可以凸顯出自己的專業。

另外，有時候國外的資訊也很重要。對於購買外幣投資型商品或是外幣相關保單的客戶來說，外匯市場的波動就很重要，如果美元強勢的時候，可以建議客戶購買其他貨幣商品，像是歐元、澳幣、人民幣……等；如果美元疲軟的時候，就可以加碼買進，等待升值的時候再賣出。

除此之外，透過外匯資訊可以提醒客戶，目前購買哪些貨幣會有增值空間、哪些國家目前金融相對不穩定，可以減少布局……等，這些都是可以跟客戶分享的訊息，同時也可以增加客戶對你專業的信任。

金融從業人員最好還要養成閱讀商業理財雜誌的習慣，因為透過這些雜誌，可以了解新的產業資訊，如果你應對的客戶是老闆級的，在往來應對上也會有更大的助益。現在的保單越來越多元，相對的，許多保險知識也越來越廣泛，當你得到這些資訊後，必須閱讀、消化、理解，接著把這樣的訊息告訴客戶，不管是當面溝通，或是整理之後將資料寄給客戶。總之，你要把這些資訊告訴客戶，讓他們知道你的努力以及你的專業。

以我來說，公司一年會出四本季刊，裡面的金融相關知識都很豐富、條理分明。很多人不懂得活用這些刊物，而我就會去整理刊物當中的資訊，思考哪些訊息可以寄給A客戶，哪些可以寄給B客戶。於是，每個月整理並寄送保險資訊、健康知識或是相關資料給客戶，已經是我的例行工作，同時讓客戶看到我不斷成長，在客戶的心目中，自然就奠定了專業的形象。

我們公司有個很好的優點，就是每天的早會。每天早會的分享從法律知識到壽險常識、稅法的常識、禮儀的常識……等等，所以我們都要出席每天的早會，教育自己、充實專業。

專業是透過長期學習而來，這些都是公司提供給業務員的資源。

# 朋友跟客戶的錢更要顧好！

我覺得人生有很多機遇跟想法，隨時都會改變，只要你願意改變、努力跟堅持，整個宇宙的能量會為你而改變，人生很多事物是很奇妙的。

自從二〇〇八年全球金融海嘯以來，政府對於金融行業的監督越來越嚴格，特別是保險業的資金運用，更是政府注意的焦點。二〇一六年開始，只要是「資本適足率」（ＲＢＣ，用來衡量保險公司風險的指標，如果ＲＢＣ高，代表公司資金充足，可以應付較大的風險）低於50％，就會遭到政府接管。如此一來，少數體質不良的保險公司將會逐漸被淘汰，當然，保戶的權益也會受損，所以慎選保險公司非常重要！

在一九九九年的時候，我第一次參加公司的業務大會，那時候蔡宏圖董事長在臺上講了一句話，讓我印象深刻，他說：「很多同仁都說，我們公司很保守，沒錯！我們公司就是保守。為什麼我們要保守？因為我們公司就像一艘大船，行駛時要非常小心，不管是轉彎、後退都要非常小心，因為這艘船上面載著我們客戶跟好朋友的錢。你自己的錢要顧好，朋友跟客戶的錢難道就不用顧好嗎？」

當時這句話深深烙在我心中。從那時候開始，我就覺得跟著這樣的經營者是正確的選擇，因此我把美容院收起來，全心投入這家公司。我覺得這個經營者有善盡社會責任，並不自私，我一定要把這個理念做到才行。

因此我在做每件事時都會問自己：「如果今天我自己要規畫保單，會不會覺得這是不錯的商品？」如果是，我才敢推薦給客戶！因為我把客戶的錢，當成是自己的錢一樣小心運用。

身為一個保險業務人員，不管你在哪一家保險公司，一定都要知道，你的保險公司是不是夠安全？你的客戶把錢放到這家公司會不會安心？你所規畫的保單適不適合客戶？有沒有站在客戶的角度，替客戶省錢、養錢，甚至是賺錢？這些都考驗著業務員的良心。

**有些舉動或許看似微不足道，然而你幫客戶著想的心，對方一定可以感受得到！**

我建議想要從事保險相關的人，在選擇公司的時候一定要注意。首先，保險公司的老闆是不是正派經營、公司的資本額夠不夠大、目前是賺錢還是虧錢、財務狀況好不好？如果你都無法幫客戶分辨的話，那客戶怎麼敢把錢交給你？

其次，在規畫保單的時候，你是不是能夠幫客戶注意到小細節，讓客戶能夠省錢。譬如說刷卡或帳戶自動轉帳可以享有1％保費的優惠折扣，如果經濟狀況許可，透過年繳的方式也能少繳一點保費。雖然這些舉動看似微不足道，但都是你幫客戶著想的心，對方也一定可以感受得到！

# 為客戶做好紮紮實實的保險

我接觸保險的動機很簡單，只是想把自己的保險處理好，當時壓根沒有想過要經營這個行業。剛開始是因為先生的小意外，才發現一年繳了將近百萬元的保費，理賠金額卻相當少，所以我決定要好好搞清楚「保險」到底是什麼。於是我開始到保險業上課，然後考上了執照。考上執照之後，才認真去了解這個行業到底在做什麼。

經過上課、考照的過程後，我深深覺得保險真的對人很重要，因此我開始跟幾個好朋友分享保險的觀念，有些朋友也跟我買了保險。但那時候我還在經營美容院，並沒有全力經營保險。直到保戶發生一件事情之後，才讓我真正發現保險是我值得經營並投入的行業，於是我毅然決然結束美容院，全心經營保險。

是什麼事讓我有這樣的轉變呢？二〇〇〇年的時候，我賣了一張保單給朋友。剛開始去分享的時候，他非常排斥保險，但是看在我的面子上，就跟我買了一張醫療險，第一年繳了兩萬四千多元的保費。到了第二年，他說他不想繳保費了，因為他老婆告訴他，叫他買保險根本就是詛咒他死。

當時我對朋友說：「如果要你死，就不會只保三十萬而已，有保險總比沒保險好！」在半推半就之下，他還是繳了第二年的保費。

沒想到就在繳完第二年保費後不到一個月，這個朋友突然腦中風，面臨到沈重的醫療費用。幸好當時有那張醫療險保單，可以給付大部分的醫療費用，畢竟這對一個家庭來說，是多沈重的負擔啊！我那時候覺得很慶幸，還好有要他繼續繳保費，不然他的家庭經濟狀況不就垮了？經過這次事件之後，我真正體會到保險是一個愛自己及家人的責任，於是我更積極投入這個愛的行業，希望能夠幫助更多需要的人。

保險業務員是很多人「討厭」的對象之一，因為他的出現，讓家庭少了很多的預算。但是每一次發生事故的時候，最先想到的卻也是「保險」：他有沒有保險？保多少？因此我們可以知道，保險對我們有多重要。

最知名的保險案例就是「汽機車強制險」。當初推動「汽機車強制險」的柯媽媽，因為自己的小孩在臺中被砂石車撞死，結果對方賠償的金額少得可憐，甚至跟她說：「三十萬要不要？不要拉倒。」在這樣的情況下，她一個人開始到立法院陳情，不斷要求立法，以保障更多用路人的權益。

經過柯媽媽八年的辛勤奔走下，終於將汽機車第三責任險入法，成為現在的「汽機車強制險」。透過這樣的保險，讓更多駕駛人有基本的保障，立法這麼多年來，理賠金額超過千億元。雖然金錢無法買回健康、無法買回生命，但是卻可以幫助許多家庭。

**對我來說，保險是家人之間愛的延續**。父母替自己保險，當意外發生後，子女可以順利成長，不致因為經濟上的問題讓家庭陷入困境，影響子女的求學成長之路；子女替父母保險，是在需要醫療支出的時候，可以讓父母有尊嚴的接受較好的醫療照護。

**保險的意義並不是在於一張保單，而是家人之間愛的延續。**

經營保險業務到現在，我深深覺得保險對人來說真的非常有意義。因為在我身邊有非常多的案例，讓我看到保險對他們的幫助。所以，保險的意義並不是在於一張保單，而是家人之間的呵護之心，這也是讓我感動、繼續堅持做下去的原因。

# 保單有利客戶，才會利自己

對於保險業務人員來說，除了基礎的金融專業外，最重要的一項專業技能，就是規畫保單的能力。也就是說，一個新進業務員對保險開始有概念之後，再來要了解如何為客戶規畫保單。學習如何規畫保單的時候，一定要了解一個觀念：任何商品都是好商品！如果不是好商品，不是市場需求的商品，公司不會設計出這樣的產品。但是，**好商品不見得適用所有人！**

舉例來說，刮鬍刀是一個好商品，它解決了男性鬍鬚的問題；但是，它不見得適用所有人，因為小孩不需要，女性也不需要。再以電鑽來說，它是一個好商品，可以幫助工人或想要自己ＤＩＹ的人等，順利完成工作；但是對於其他人來說，它就不是必需品。

透過這些例子可以發現，每一種被生產出來的商品，都有它一定的優點、好處，然而如何找到適合客戶的商品，這就是業務員最重要的工作。

業務員規畫保單之前，一定要記住：「**保單有利客戶，才會有利自己。**」

這句話可以說是規畫保單的最高指導原則，如果你懂得站在對方的立場想，就會有不一樣的結果。當你在規畫保單的時候，如果想著是自己的佣金，而不是客戶的利益，總有一天會被看破手腳，讓客戶對你產生不信任感。

你賣多少保單，就能得到多少好處，但是在此之前，一定要先問問自己，客戶能得到多少好處？唯有客戶得到利益，你才會得到好處。這一定是互相的！事實上，有部分保險糾紛產生的原因，就是因為保險從業人員心態不正確，讓客戶買錯保單，才會衍生許多理賠方面的問題。

規畫保險的時候要考量到哪些要素呢？

首先，必須要考量到客戶的需求，他為什麼要買保險？是因為想要擁有保障，還是希望能夠儲蓄，抑或是想要透過保險商品進行投資或保本？

其次，業務員也必須要了解客戶的財務狀況、家庭結構、年齡等，進行客製化專業的規畫，絕對不是每一個人來，都可以適用相同的商品。

以我為例，剛開始從事壽險業的時候，我幫客戶做需求分析時，都會提醒他們：「你的醫療險買夠了沒？」

醫療險買夠了，才去買重大疾病險，接著再去買傳統型的保障。因為重大疾病險裡面也有醫療，我覺得醫療跟重大疾病是我們人生裡面自己有可能用得到的東西。人生當然要存錢，但是我會跟客戶說，先把這兩塊基本保障都做好了，再來追求存錢。

所以我通常會建議，如果沒有任何保險的客戶，先把健康險、重大疾病險等基本保障買好。以年輕人來說，剛出社會可以先買醫療保險，然後規畫意外險與定期壽險，不一定要買終身壽險。年輕的時候用小錢換大錢，花很少保費把保障拉高；而後隨著年齡的增加，通常薪水也會因資歷而增加，這時候再考慮需要增加多少保額，或是把醫療險的額度提高。

早期臺灣人大部分都購買儲蓄險，容易忽略保障的部分，導致保額不足，理

**保單有利客戶，才會有利自己。找到適合客戶的商品，是業務員最重要的工作。**

賠的金額也不足。除了引起很多保險糾紛外，也容易讓一個家庭陷入破碎。所以我在進行保險規畫的時候，首先一定要先把保障做足，才會考慮下一步計畫。

當你把保障做好以後，如果還有剩下的預算，再來考慮儲蓄險；絕對不要連基本的保障都沒有規畫好，就只規畫儲蓄險，這樣會暴露過多的風險，對於客戶來說是不利的！

當基本保障完成後，就要進行儲蓄計畫。在儲蓄的過程中，如果沒有強制性就很容易失敗，所以我建議這部分可以透過儲蓄險的強制性，幫助客戶存下一筆錢。當客戶儲蓄了一定的金額之後，再考慮是否進行投資，這部分就可以透過投資型保單來完成。

幫客戶分析財務狀況與保單規畫的時候，有一件事情非常重要，業務員一定要跟客戶講得很清楚。那就是：**沒有一張保**

**單可以包羅萬象，滿足一個客戶的所有需求。**這是非常重要的！很多人買保單的時候，常常會說：「我有了，不需要。」但是仔細詢問之下，才發現原來他只有保簡單的儲蓄險，其他保障型的部分都沒有，造成他的人生暴露在極大的風險中，但是他還不知道這樣的嚴重性！

同時，我也看到一些客戶，規畫了一份保單之後，放了三年、五年都沒有重新檢視，這樣的行為依然是錯誤的！因為在三年、五年前規畫的保單，是適用在三、五年前的情況，但是三、五年後，客戶有可能結婚、生小孩，又或者是小孩長大，風險需求增加等；也有可能小孩子都長大了，不需要這麼多的保障，可以減少保額，把省下來的錢進行投資分配等。這些因素都會影響到保單的規畫，這時候就要懂得重新檢視保單。

保單檢視最好一年可以做一次，因為一年過去後，客戶的狀況一定會有些不同，有可能加薪、升職、長期出差，也有可能失業、減薪等，這時候財務狀況也相對不同，當然就要重新檢視保單。就像衣櫃一樣，定期都要去清理，有些衣服

**保單檢視最好一年可以做一次，可以滿足現階段需求，減少自己的風險。**

已經不合身、破損等，就要視情況去做替換，這樣才能讓衣櫃整齊、一目了然，而且保證這些衣服都可以穿。同樣的，每年檢視一次保單，就是確保保單的狀況可以滿足現階段需求，減少自己的風險。

以往我認為保障一定要先做好，保障包括醫療、長期看護、重大疾病、定期險與意外險，再來就是儲蓄險，最後才是投資型商品。儘管現在時空背景不同，然而還是要以醫療險、重大疾病險為重，如果年輕人希望投資跟保險同時擁有，就可以建議他買投資型保單，因為它的保障很便宜。年輕人就是要以最小的金額換取最大保障，這時候就可以透過規畫，在投資型保單當中拉大保險的比例，讓年輕人同時擁有保障與投資。

我有一個客戶的小孩跟他的朋友說：「我沒有遇過像 Jenny 阿姨（我的英文名）這樣的業務人員。」原來是他們兩個聊天說要買保險時，客戶的小孩說只要找我，除了會做最好的規畫之外，還沒有什麼壓力。

他說：「Jenny 阿姨是我看過的業務人員當中，最不會死纏爛打的人，她是用軟性訴求，告訴客戶需要的保險，都是透過分享，而不是一直想要賣東西！」聽到這樣的話，我真的覺得很榮幸！

二〇〇四年的時候，有客戶介紹一位高資產的客戶給我，跟這位客戶碰面時，他就說：「把你們公司最好的商品告訴我！」

我跟他說：「對不起，董事長跟夫人，我們公司任何一個商品都很好，但是都因人而異，因為你的需求不同，會給你不同的建議與商品。我們公司商品有四、五十種，每個商品都會有不同的需求客戶，進而產生所需要的保單與計畫。董事長都還沒跟我談過您的需求，我怎麼可以隨便把任何一樣商品介紹給您？這樣拿出來的不但不是您要的商品，也不是我該做的事情。所以請董事長給我一點時間，一起來研討一下您的資產要怎麼規畫。」

後來這個案子經過了幾次來回的討論，了解他們的需求後，就順利成交了。

有時候，我碰到一些客戶，剛開始都覺得自己的需求好像很大，但真正談完後發現，其實他的保險需求並不大，甚至根本就不應該再買保險。我相信每一個客戶都希望自己有能力可以買很多保障、存很多錢，但那是目標。事實上，幫客戶進行規畫的時候，我會跟客戶討論他的財務狀況，如果他現在的錢只能買一點保障，我就建議他先擁有保障，再逐漸增加額度。

譬如說，客戶希望能有一千萬的保障，但他現階段只能買一百萬，我就會建議客戶，先從一百萬開始買起，然後慢慢增加，慢慢達成他的目標。透過這樣循序漸進的方法，也能讓客戶擁有好的保障，更重要的是：**擁有好的財務規畫！**

# 好商品，也要有好的理財觀念！

為了要讓自己更加專業，而不是一個「拉保險」的業務員，所以只要有客戶幫我轉介紹，我一定會聽完他的需求才遞送建議書。而不是帶商品ＤＭ問客戶：「這些商品都很好，你要哪些商品？」這樣一來，就毫無專業可言！

等到經驗比較豐富以後，我慢慢發現，**保險規畫其實就是個人的財務規畫**。有時候透過這樣的規畫，你會發現有些客戶想要買的很多，但是資金有限無法買太多，因而感到洩氣。事實上，業務員本來就應該要認知到，聊理財規畫跟成交是兩回事，不要認為跟客戶聊得很好，可是成交數字很小就氣餒，因為不管大單還是小單，只要能夠成交，就代表客戶對你的信任！所以無論如何，你都要感謝客戶，因為在壽險業，如果客戶不支持你，你完全走不下去，因此要無時無刻認知到：**客戶就是你的貴人！**

**保險規畫其實就是個人的財務規畫，只要能好好規畫，代代都可以用到這些錢。**

當我接觸的保險商品越多越深入，越清楚保險的概念之後，我越是覺得，如果錢放在保險公司，只要能好好規畫，你代代都可以用到這些錢，可以傳承這些錢，最起碼你可以富三代、富四代，絕對不可能富不過三代！

為什麼？因為保險信託！

過去，很多人對於保險有著錯誤的觀念，對保險有錯誤的了解，並且還停留在幾年前的保險思維。甚至很多人對保險觀念是：我可能死後才能領錢。但其實不然，現在的保險是有生存年金、養老的，只要存個幾年，錢就連本帶利還你了。除了年金保險、養老保險之外，保險還有個很大功能，就是保險金信託。

過去，如果保戶不幸辭世了，假設當時小孩還很小，就勢必會引起一場遺產爭奪戰。因為這時候有血緣關係的人，可能都會覬覦保戶身後留下的錢，所以爭相搶當監護人，並為此對簿公堂，最後小孩根本無法真正用到這筆錢。

透過保險金信託，可以依照保戶的規畫，去執行保戶所擬訂的計畫。譬如每年或每個月要撥多少錢給小孩，讓小孩可以順利支付生活費、學費，甚至還可以發放生日禮金等，這些都是保險可以幫客戶做到的事情！

以十多年前的大園空難為例，當時有一位未成年的小女生，獲得了上億的保險理賠，結果就出現很多親戚搶著要當小女生的監護人，最後是由社會局先保管這筆鉅款，等到她成年後才領取。如果當時她父母有進行保險金信託的話，就不需要擔心這些親戚朋友出現，也不用擔心小女生的狀況。

透過保險金信託，父母可以規畫小孩生長階段所需資金，然後依照契約規定分期給付，讓受益人不用擔心該如何運用與管理。透過政府的法令保障以及銀行業者的協助，可以避免有心人士覬覦鉅額保險金，讓父母的愛心可以真正用在小孩身上，甚至還可以用到第三代。

其實現在的金融保險商品都已經跳脫「死後才能拿到錢的觀念」，像是保單活化的推廣，就是讓原本的壽險可以轉換成年金險，讓原本死亡才能給付的保險金，變成退休後的養老金。正因為如此，所以有越來越多專業證照，像是CFP（Certified Financial Planner，理財規畫顧問）、理財人員、信託人員……等。

所以我認為，現在壽險從業人員的地位應該要提升，現在的保險已經不像三、四十年前的拉保險方式，需要具備更專業的知識與資訊，所以挑選一個好的業務人員，就顯得更加重要！

# 真心把客戶當朋友

很多客戶第一次碰面的時候，都會問我計畫書帶了沒？或是問我公司哪個商品是最好的？像我有一個高雄的客戶林小姐，我第一次跟她碰面的時候，她劈頭就問：「計畫書呢？什麼商品最好？」

我告訴她：「對不起，我今天沒帶任何東西來，只帶了一個伴手禮。」

結果他問我：「那你今天來幹嘛？一趟路來這麼遙遠。」

我說：「因為我還沒了解您的需求跟規畫，怎麼可以就這樣把公司的商品丟給你？我們公司有四、五十種商品，每一種商品都是最好的，但是每個人適用的商品不同。因為商品因人而異，針對每個人的需求不同，而有不同的搭配，絕對不是隨便推銷商品給您，我認為這樣才是負責任的態度。」

客戶聽我這樣說，就問：「那請問鄭小姐，你可以做多久？」

**我的字典裡沒有「奧客」這兩個字，只是這個客戶還沒遇到聽得懂他需求的業務員而已。**

當下我覺得好犀利，問得很直接。後來她告訴我，因為她是商科畢業的，同學幾乎有90％都在壽險業工作，不一定要跟我買保險。

當時我說：「我不知道我可以做多久。我來保險業才兩、三年，但是我現在在這個領域，就會把這份工作做好，會透過我的經驗，幫助客戶買到我所知道最好的商品、最好的規畫。總之，我會幫您做好規畫。」

接著我還跟她說：「我沒辦法保證做多久，是因為我不知道我生命的長短。誰也不知道明天會不會來，所以才需要保險。正因為不確定生命的長短，但我可以控制我生命的寬度，所以我會拿出我的專業領域，幫您把保單規畫好。只是接下來的一切，沒有人能說得準！我也不知道人生會有怎樣的轉變跟變化，也許哪天我移民了，或是我早死了，所以我沒辦法跟你說我會做多久。」

當我這樣跟對方說完，她就說：「那你等我一下。」接著她跑到樓上拿戶口名簿下來，影印了一份給我，跟我說：「我們家總共五個人，我要用五十萬規畫醫療險，可能還包括儲蓄險。」

我跟她說：「林小姐，我可能要兩天後再來找您，因為我需要一些時間思考怎麼規畫您的保單。」我也把她原有的醫療險都抄下來，然後帶著她家的戶口名簿影本回到了臺北。回臺北後，經過一天的深思熟慮，知道要怎麼幫她規畫保單後，我打算再飛高雄一趟。

我問林小姐明天幾點過去比較方便，她說晚上八點。但那時回臺北最晚的一班飛機是九點多，她還為我擔心回程的飛機班次。我跟她說：「你不用擔心，我坐國光號回臺北就好。」就這樣，不但促成了一筆保單，我們還變成了很好的朋友，日後她來臺北時，都會來我家住呢！

要如何把客戶當自己的朋友呢？訣竅就是「**將心比心**」，你希望別人怎麼待你，你就要先怎麼對待別人。我常會聽到很多人抱怨某某客戶是奧客，但對我來說，我的字典裡沒有「奧客」這兩個字，我覺得只是這個客戶還沒有遇到聽得懂他需求的業務員而已。所以作為一名業務員，你要賺別人的錢，自己除了必須擁有專業外，還有要有一顆熱忱的心。千萬不要認為他不跟你成交，就把他列為拒絕往來戶，這就代表你沒熱忱。

我覺得熱忱和雞婆很重要，這個社會需要更多雞婆的人。像我有一個客戶在汐止看到一場車禍，肇事者跑掉了，這個客戶就幫忙打１１９，結果被撞的人反咬說是我那個客戶撞的，讓她內心很受傷，後來甚至還吃上官司。我這個客戶一直去事發現場附近找線索，因為她覺得自己好心還被誣賴很倒楣。她用了幾天的時間找到了證人，還好有目擊者看到，終於還她一個公道。雖然官司拖了很久，幸好後來因為那位目擊者的熱心和雞婆，才讓這起烏龍事件平和落幕。

# 教客戶看懂保單，讓保險有教育意義！

我常常看到一些保險業務員，把保單交給客戶的時候，就只為了要給客戶簽收回條，順便跟客戶聊聊天，對於保單內容與條款卻是隻字不提。等到保戶需要辦理理賠時，往往不清楚自己買了哪些保險。這樣的服務品質，真的很不恰當。

保單，其實就是保險商品的精髓。因為保單是保險公司與保戶所訂下的契約，當中所載明的條款，就是保戶跟保險公司的約定。不管是保險費的支付、理賠金的多寡，都是依照保單契約來執行，業務員怎麼可以不慎重呢！

每一次我送保單給客戶簽收的時候，都會先幫客戶把重點畫出來。保單不分大小，都幫客戶檢視校正，教保戶看懂條款，再不懂就親手幫客戶作筆記。很多人都不了解，為什麼我要做這麼麻煩的事情，甚至有些客戶還覺得我太囉嗦，但是我卻不這麼認為。

**教保戶看懂條款，不但對客戶好，對自己也好，可以讓你跟客戶的互動更加熱絡。**

我認為：可以的話，我希望能替客戶服務一輩子。但是我是做保險的人，我很清楚任何事情都有風險，包括身為業務員也有風險。萬一我先走了，又或者是我退休、沒有繼續工作，那客戶怎麼辦？所以客戶一定要清楚了解自己的錢花在哪裡，跟我買了哪些保障，這樣才是負責任的表現！

以保單架構來說，保單通常會記載幾件事情：

**第一、定義：**

通常在保單的第二條，你可以發現到，針對一些名詞，保險公司都會給予定義，避免產生混淆，導致理賠糾紛。譬如說「醫院」在保單條款上通常會這樣寫：本契約所稱「醫院」係指依照醫療法規定領有開業執照並設有病房收治病人之公、私立及醫療法人醫院。也就是說，醫院必須要有開業執照，還必須要有病房，所以一般診所就不是醫院，如果保單中載明只有到「醫院」治療才有給付，那麼你到診所看診可能就無法獲得理賠。

**第二、保險費：**

在保單條款有一大塊的部分，在強調如何繳交保險費，如果沒有按時繳交保險費，從什麼時候開始會停效？如果想要恢復保單效力，需要在兩年內繳清之前所有的保險費等，這些都是提醒保戶的權益。

**第三、保險金：**

以保單來說，記載保險金這部分的條款，可以說是保單當中最重要的部分。保險公司是否理賠、如何理賠、需要哪些理賠文件等，都記載在這個部分。

首先，我們需要讓客戶了解這張保單有哪些保障，像是生存保險金、死亡保險金、祝壽保險金、殘廢保險金……等，這些保險金是不是可以重複領，請領的資格是什麼，這些都很重要。尤其是醫療險，這部分就更加重要，有些保單可以給付門診手術，但是有些不行，這些都可以透過保單條款，清楚說明哪些項目是否給付。

**第四、保額：**

保額部分的條款，最常出現在終身壽險保單中。在保險法的規定當中，保戶購買終身保險之後，如果遇到經濟困難無法繳費的時候，可以透過兩種方法持續擁有保單，但是保單視同繳費完畢。

第一種方法是減額繳清，第二種方法是展期保險。但是這些都必須要是保單所載明的項目，才可以進行相關的方法。

**第五、除外條款：**

在除外條款當中，是載明了有哪些狀況，是保險公司「不理賠」的項目。譬如說：

一、要保人、被保險人的故意行為。

二、被保險人犯罪行為。

三、被保險人酒後駕（騎）車，其吐氣或血液所含酒精成分超過道路交通法令規定標準者。

四、戰爭（不論宣戰與否）、內亂及其他類似的武裝變亂。

五、因原子或核子能裝置所引起的爆炸、灼熱、輻射或污染。

透過這些條款就可以知道，如果保戶做了哪些行為，或是遭遇到哪些狀況，保險公司無法理賠。

我認為透過這樣跟客戶的互動，可以更清楚自己的保單，了解自己目前的保障，還可以清楚知道有哪些不足的部分，有機會可以補強。這不但對客戶好，對自己也好，可以讓你跟客戶的互動更加熱絡，這樣何樂而不為呢？

# 第四章

# 成為高手的八項修煉

# 修煉一：紀律，是成功的核心

業務人員是一項非常自由的工作，只要開完早會之後，通常會出門跑各自的業務，所以業務人員有沒有摸魚，也只有自己知道。但是到了計算業績的時候，馬上就會現出原形。**所以我認為擁有好的紀律，是業務人員最重要的習慣！**

業務人員最不可或缺的紀律主要有四項：

**一、出席早會的紀律。**

**二、不斷學習的紀律。**

**三、聯絡客戶的紀律。**

**四、持續成交的紀律。**

## ◆出席早會的重要性

當我還是菜鳥的時候，就告訴自己一定要參加早會。經過這幾年，發現早會不是一般人所想像是個無聊的活動。首先，早會可以養成自己固定早起的習慣，讓自己在一大早的時候，就準備好今天的狀態；如果沒有參加早會的話，就很容易讓自己怠惰一整個上午。

其次，早會通常會提供很多新的訊息，不管是金融、國際情勢，或者生活、消費相關議題，都是業務人員拜訪客戶時聊天的好話題。舉例來說，假設早會當中提到油價下降，到了客戶那邊，就可以提到油價下降，對於臺灣產業的衝擊與獲益，如果要投資股票、基金，應該要怎麼布局等。等到時間一多，累積的資訊越來越豐富時，就不怕沒有話題可以跟客戶聊。

## ◆不斷學習的重要性

前面幾章我不斷提到，身為金融從業人員，必須持續不斷的學習，因為金融相關的議題太多、太廣，而且又是如此專業，如果沒有持續不斷學習，還在使用以前的觀念來進行銷售，就會造成很大的問題。

舉例來說，目前市面上有所謂的長期看護險及失能險，它們的內容跟傳統壽險有所不同，包括長期看護險、失能險要如何認定，都需要深入了解和學習。以稅法來說，目前國家的稅制不斷改變，包括證所稅、房地合一等，都會衝擊客戶資產配置的情況，如果沒有持續學習，不了解這些新資訊，就等著被市場淘汰。

## ◆聯絡客戶的重要性

對於業務人員來說，客戶是衣食父母。業務人員的客戶越多，所領取的佣金和獎金當然相對越高。如何擁有更多的客戶呢？方法有兩種，一種是開發新客戶，一種是聯繫老客戶。

舉例來說，因為要開發新客戶，你參加了一場聚會，認識了一些新朋友，等到聚會結束後，就把這些名片放到抽屜裡，沒有積極聯繫。那麼這些人會成為

**想要獲得好的收入、好的業績，最大的祕訣、最神奇的祕方就是紀律。**

你的客戶嗎？當然不會！假設我今天要求客戶幫我轉介紹一個新客戶，但是我卻沒有跟對方聯繫，那麼會產生任何業務機會嗎？當然不可能！

聯繫老客戶更是重要的一環。我在演講時常會提到，你的老客戶，就是別人的新客戶；如果沒有經營好自己的老客戶，他們就會變成別人的新客戶。我曾經看過一篇文章中，寫到類似的經驗：

A先生長期以來都跟同學B買保險，所以B都認為A非跟他買保險不可，於是疏忽了對A的聯繫。有一天B心血來潮，到A先生家聊天的時候，竟然發現到A先生買了一張保單，而且還是他們公司其他營業單位的業務員。

B有點難過的問A，怎麼會跟對方買保險？A先生嘆了口氣回答：「老同學，我一直都很關照你。但是這一年多來，你都沒有跟我聯繫；這個業務員雖然年輕，沒有你這麼有經驗，即使我告訴他，我已經有相關的業務員了，不需要他費心。但是他沒有因為我不跟他買而離開，反而不斷跟我聯繫。你說，當我有需要的時候，我能不找他嗎？」

因此，身為一個業務人員，如何維繫老客戶非常重要。

說穿了，不斷「聯繫客戶」，就是在不斷播種。當你每天聯繫十個客戶，不斷付出關心，就像是農夫在春天撒下種子，總有一天他們會發芽，就像客戶總有一天會需要保險一樣。如果你把客戶照顧得很好，當他們有需求的時候，你就會是他們的第一選擇。

## ◆持續成交的重要性

大部分的人對於持續成交都會有一定的疑慮：真的可以一直持續成交嗎？我的回答是：「是的，絕對可以！」

但是這個「可以」需要有幾個基礎：

**一、擁有夠多的客戶。**

**二、持續不斷聯絡客戶。**

**三、主動告知客戶現有的商品或服務。**

有些人會認為，我可以做得這麼好，都是靠著大客戶成交，但其實不然。我在拚高峰會的時候，平均每個工作月都可以有八到十件以上的業績，而且大部分都是我經營的基礎客戶。

到目前為止，我手上的客戶名單就超過千位，我所經營的人脈更是超過這個數字。如果你想要能夠持續不斷成交，第一個要做的事情就是擁有夠多的客戶。當你擁有夠多的人脈或客戶時，必須要能夠不斷聯繫，如果沒有聯繫的話，老客戶也會離你而去。

很多業務人員很努力聯絡客戶，卻不見得可以轉換成為訂單。為什麼？這是因為沒有養成「主動告知客戶現有商品或服務」的好習慣。很多人常說：「人脈等於錢脈。」但是多數人無法做到的主要原因不是缺乏人脈，而是沒有好好告知客戶現有的商品或服務，所以客戶根本不知道你擁有什麼商品。

舉例來說，今天你要從事保險行業，每次跟朋友出去都只是吃吃喝喝，卻沒有告訴朋友說你在從事保險，等到他有保險需要的時候，他會找你嗎？一定不會啊！然後他找了一個陌生的業務員，跟對方買了保險之後，你才跟朋友說：「我也在從事保險啊！」朋友也只能回答你：「你又不早說！」

再來，我常常跟客戶說：「我有告知客戶權利的義務，你有選擇買或不買的權利。」如果我們沒有強迫客戶購買，只是告知對方目前公司推出好的商品，可以幫助客戶進行財務規畫，如果客戶有需要就進行規畫；如果沒有需要，就當做是吸收新資訊，等到客戶有需要的時候，當然就會找你囉！

## 好紀律，是成功的第一步！

二〇一四年世界盃足球賽中，德國以黑馬之姿，一路過關斬將取得冠軍；仔細觀察德國這二十四年來，有八次入圍決賽、三次封王。是什麼神奇魔力，讓德國可以不斷入圍決賽，甚至封王呢？德國教練給的答案是：**紀律！**

為什麼紀律有這麼強大的力量呢？據說有學生問希臘最著名的哲學家蘇格拉底，怎樣才能像他一樣，擁有博大精深的學問？蘇格拉底聽後並未直接作答，只是說：「今天我們只做一件最簡單、也是最容易的事，每人把手臂盡量往前甩，然後再盡量往後甩。」

蘇格拉底示範一遍後說：「從今天起，每天做三百下，大家能做到嗎？」聽到這麼簡單的事情，學生們都笑了。心想，這麼簡單的事，有什麼做不到的？過了一個月，蘇格拉底問學生：「每天甩手三百下，有哪些同學做到了？」有九成的學生舉手。又過了一個月，蘇格拉底又問同樣的問題，這回只有八成的學生舉手。

經過一年後，蘇格拉底再次問大家：「請告訴我，最簡單的甩手動作，還有哪些同學堅持了？」這時候，只有一位學生舉手，這位學生便是柏拉圖，也就是繼承蘇格拉底的另一位偉大哲學家。

姑且不論故事的真實性，但是這個故事告訴我們的，正是紀律的重要！如果你有紀律的話，就可以做到任何事情。就像是成語「愚公移山」一樣，只要你有紀律執行對的事，就一定可以達到效果。

在古往今來的成功人士當中，絕大部分的人都是奉行著一定的紀律，才能達到一定的成就。如果任何事情都是三天捕魚、兩天曬網，就想要獲得好的結果，這是不可能的事情！

我想要告訴所有的業務人員，**想要獲得好的收入、好的業績，最大的祕訣、最神奇的祕方就是紀律**。想想看，若是我沒有持續寄出資料、持續關心客戶，讓客戶知道我的用心，那些身價上億的大客戶，怎麼可能把保單交給我規畫？所以，從現在開始培養紀律，讓自己能夠從優秀邁向卓越！

## 修煉二：創造個人價值，讓你與眾不同

前面有提到，如果想開展自己的業務，就要擁有更多的準客戶。可是要如何擁有夠多的準客戶呢？相信這個問題困擾著很多業務人員，甚至有人認為，如果沒有人脈，做保險是相當危險的！我對這樣的想法相當不以為然。

二十多年前，我隻身一個人從高雄上臺北打拚，那時候我幾乎是一無所有，一個人來到陌生的臺北，所有的人脈都是在臺北工作後認識的。但是到現在，我卻擁有一票非常好的朋友，而且大部分是保險的客戶。為什麼我可以做到呢？答案很簡單：**價值**。

我們先想想，在你身邊一定有一些人，他們總是可以擁有很多朋友，而且人們也都樂於跟他接近。為什麼他們有這樣的魅力呢？因為他們比較帥、比較漂亮？還是他很有錢、有權力？這些答案都不是必要的，真正的關鍵在於：他能帶

給別人價值！

什麼是價值？**價值就是別人可以利用的好處**。舉例來說，我是一位金融從業人員，我對於保險、投資、稅法相關的議題，有深入的了解，這時候我可以提供給別人的好處就是：我可以給予全方位的財務建議。像是如何透過保險進行風險規畫，或是面臨到稅務問題的時候，可以提供免費的諮詢等等。如果今天我碰到一位高階主管，他想要能夠進行財務及稅務的規畫，我就可以提供他這樣的服務，這時候我對於這位高階主管來說，我就是提供了價值。

除了實用的價值之外，還有一些虛擬的價值，譬如說我總是笑臉迎人，所以看到我的每個人都可以很開心，這也是一種價值；有些人非常擅於安慰人，別人只要有任何不愉快，他都可以安慰對方，而且讓他們釋懷，可以擁有好的心情，這也是一種價值。

當你清楚價值的意義後，這時候就要思考：我可以帶給別人什麼樣的價值？認識我有什麼好處？我可以提供別人什麼樣的幫助？如果你可以清楚知道，可以

**身為一個業務員，可以幫客戶創造專業、信任、服務、同理心與感謝五種寶貴的價值。**

為別人帶來什麼樣的價值，當然就會吸引更多人，讓更多人願意認識你，對於業務工作自然就會更有利。

## 創造價值，讓你與眾不同

如果去問大部分的業務人員：「你在賣什麼？」他們會回答：「我是賣保險的。」、「我是賣電腦的。」、「我是賣房子的。」等，聽到這樣的回答，似乎非常合理，卻是暗藏危機。如果業務人員對別人說：「我是賣保險的。」、「我是賣房子的。」那麼你跟別的保險業務員、房仲人員有什麼差別？

以保險業來說，公會所登錄的業務員人數超過三十萬人，如果以全臺灣人口兩千三百萬人來看，每七十個人當中，就有一個保險業務員，可能就是親戚的親戚、親戚的朋友、朋友的朋友、朋友的親戚，這時候你告訴對方：「我是賣保險的。」

那對方馬上就會想到：「喔！我阿姨也在做啊！我的高中同學也是保險業務員。所以我不需要了啦！」

當你跟客戶說：「我是賣保險的。」你等於是在告訴客戶：「我只是一個在賣保險商品的，不用認識我沒關係！」於是客戶自然就不會重視你、不會想認識你，更別說要跟你買東西了！如果你還在說：「我是賣保險的。」請你改掉這個習慣。

舉例來說，大部分人看到保險業務員的名片時，心理都一定會想：「喔！你是保險業務員。」但是你在接下來的談話當中，應該要扭轉對方的想法，清楚告訴對方自己的專業，告訴對方自己在稅法、風險規畫、投資的專業度，讓他人知道自己可以帶給別人的價值，就是你的專業領域，如果客戶把錢交給你，就會比較有保障。

除了善用個人的價值之外，業務人員也要能夠善用公司資源。以我們公司為例，因為國泰人壽是國泰金控的子公司，所以我們可以行銷的切入點就不只是壽險，包括信用卡、放款、開戶等，都是我們可以跟客戶談的商品和金融服務，這時候我們的角色就是全方位的壽險業務人員。如果懂得善用自己本身的能力，加上公司所提供的資源，你就是最有價值的業務員！

## 業務員的五大價值

身為一個業務員，我可以幫客戶創造哪些價值呢？一般來說，業務員可以幫客戶創造五種寶貴的價值：專業、信任、服務、同理心與感謝。

### ◆專業

專業指的是你對業務內容的了解程度。以保險業務人員來說，最基本的就是考到證照，以及對公司產品的了解，同時清楚知道如何幫客戶做好風險規畫。等這些都上手了之後，才開始接觸投資、理財相關的議題，了解貨幣、利率、匯率等金融概念，還有目前的國際財經局勢走向，應該要如何進行投資等等。除此之外，稅法是金融領域最重要的一環，所以也要清楚目前的稅制，不管是金融相關的綜合所得稅、證所稅，或者是企業、房地產相關的稅制，都需要有清楚的了解。

當你擁有這些專業的時候，你就創造出屬於自己的價值。**如果你有某些地方特別擅長，就可以善加運用這個長處，替客戶創造價值。**以我自己為例，當初我進公司沒多久，就開始學習稅法相關的課題，到最後我對稅制有一定程度的了解，所以當一些客戶知道我對稅法的專業後，只要有稅法相關的問題，就會來找我諮詢。這時候，我就在客戶的心中就創造了價值。

## ◆信任

當你在剛開始從事業務的時候，或許在專業度上有所不足，這時候能夠幫你創造價值的地方，就是你的信用。假設一個業務員才剛入行，要專業可能有困難，所以在銷售上，就必須要讓人信任自己，那會更容易成交。在這個時候，業務員所創造出來的價值就是信任。

**如果你有某些地方特別擅長，就可以善加運用這個長處，替客戶創造價值。**

舉例來說，小李是一個新進的房仲，他在專業度上一定比不上經營一、二十年的老手，但是他可以透過勤於拜訪，解決客戶問題，讓客戶知道小李並不是只為了賺取佣金，出現在客戶的面前，而是真正想要協助客戶，讓客戶的房子可以賣到好價錢，或是幫買家找到一個適合居住的房子。這樣一來，就算小李並不是經驗老到的業務員，但還是能夠成交案子。

事實上，信任也是我最大的價值所在。大部分的客戶都很信任我，因為我所做的任何事情，都是站在客戶的利益出發，所以長久下來，客戶就會相信我幫他們做的一切，都是對他們有好處，在銷售上的排斥自然就會降低。

### ◆服務

對於客戶來說，能夠迅速幫業務員加值的價值，就是好的服務。什麼是好的服務呢？就是協助客戶解決一些問題。譬如說：客戶需要理賠的時候，你是否第一時間提供協助？又或者客戶的小孩最近開刀住院，你有沒有到醫院關心，並且提供後續的幫忙，例如理賠需要申請哪些文件等，都是業務人員可以提供給客戶的服務。

除此之外，還有哪些是服務的範圍呢？像是在特定節日的時候，可以透過聯絡客戶，問候客戶近況；客戶生日的時候，做出專屬於他的生日卡；或者是告訴客戶哪些優惠訊息，讓客戶可以撿便宜等，都是一種對客戶的服務。

## ◆同理心

很多人看到同理心，就很容易想到同情心，但這是不一樣的。所謂的同情心是站在一種憐憫、上對下的關心；但是同理心不然，他是跟對方站在一起，用對方的角度來思考。

我曾經聽過一個保險的例子，有一位保險業務員的保戶辭世，他拿著保險金的支票來到保戶家，順便跟保戶的太太閒聊了一下。大部分業務員都會跟太太說：「節哀順變。」之類的客套話，然後認為這個家庭應該沒辦法再購買保險了，於是就離開了。

但是這位保險業務員並不這麼想，就他的了解，保戶是家庭的經濟支柱，所以當保戶離開後，只剩下太太跟小孩，這時候太太就必須要出去工作。於是他鼓起勇氣對這位太太說：「雖然這樣很冒昧，但是就我的專業認為，你一定要購買保障型保險，這樣你才能做最好的規畫。」

這時候保戶的太太就回答說：「你說得太好了！這也是我正在想的事情。」最後，保戶的太太就向這位保險業務員購買保單。

## ◆感謝

透過感謝他人進而創造價值，可以說是最不需要花錢的方法。為什麼？因為這些方法可以減少金錢的支出，卻能創造強大的效應。就拿我自己做玫瑰花、康乃馨為例，當時候我就是沒有資金，所以到了臺北後火車站附近，自己買了很多的材料，回來自己做康乃馨，感謝客戶這一年來的支持。透過這樣的方法，我凝聚了許多客戶的心，同時也讓客戶感覺到窩心，創造出不同的價值。

總而言之，**如果想要跟別人不一樣，就要好好想想，自己能夠創造出什麼樣的價值**。讓別人願意認識你、跟你做朋友，甚至願意購買你所提供的產品，讓業務這條路走得更順利。

## 修煉三：有效的行動，才能看到結果

每一天我們都會產生無數個行動，這些行動都具有某些意義，但是在工作上，可以發現到有些行動是無效的。舉例來說，有時在上班的時候，面對著電腦、把滑鼠動來動去，但是卻沒有開啟任何工作上的文件檔案，腦袋只是在放空，對於工作沒有任何的幫助。

在業務工作上也是如此，有時候業務員會做一些無效的行動，譬如說：跟客戶出去聊天，卻沒有提到自己的商品或服務，等到回公司的時候，才發現自己浪費了三個小時，卻做著跟工作無關的事情，這時候跟客戶聊天，就是一種無效的行動。

另外還有一個例子，就是會看到一些業務員在工作時間一直待在公司整理資料，讓人感覺他非常認真，但是實際上卻沒有任何的產值，這樣的行為也算是一種無效行動。或許這樣的行為聽起來還好，但卻會逐漸扼殺你的業務力！

那麼，什麼是業務上的有效行動呢？

**一、做跟目標相關的事情。**

**二、做關鍵的事情。**

**三、做最擅長的事情。**

## 做跟目標相關的事情

所有的業務單位，都一定會設定業績目標，然後要求業務員達成。但是，卻不是每個業務員都會努力達成。追根究柢，就是業務員沒有「做跟目標相關的事情」。除了我們剛剛的舉例外，最大的一點就是因為工作自由，所以往往把時間挪去做一些跟工作無關的事情，像是從公司離開之後，沒有聯繫客戶、跟客戶碰面，反而去採買晚上要煮的食材、自己一個人逛百貨公司、玩手機遊戲等，這些都不會對於業績有任何的好處，所以算是無效行動。

當目標訂出來之後，業務員一定要思考，我今天所做的事情，能夠產生什麼樣的效益，當我確定這些行為，可以對業務有所進展時再開始行動，這樣我們所做的一切，都可以堅定地朝向目標前進。

舉例來說，今天你打算要聯繫五位客戶，這時候你就要思考，有哪些行動可以幫我達成這個目標？透過 LINE、簡訊跟客戶聯繫，或者是直接打電話給客戶，確定拜訪時間，這就是有效的行動。

對於業務人員來說，無效的行動有：

- 不斷整理資料，卻沒有跑客戶。
- 名義上是外出跑客戶，實際上卻把時間挪去做其他的事情。
- 玩手機遊戲，卻沒有聯繫客戶。
- 跟客戶碰面，卻沒有告知新的商品或服務。
- 只顧跟同事聊天，忽略了應該要做的事情。
- 太常跟同事吃飯，卻沒有跟客戶一同用餐。

真正有效的行動是：

- 跟客戶碰面或用餐，聊天之餘也要告知對方公司的新產品。
- 每天早上就安排好今天的行程。
- 先透過通訊軟體聯繫客戶，再進行實體拜訪。
- 縮短整理資料的時間，必要的時候請個助理。
- 跟客戶說明產品，並且成交。

## 做關鍵且擅長的事情

絕大部分的業務人員，都會發現到：做了業務員之後，好像什麼都要會。要會談案子、會成交，要會做手工送禮物給客戶，要知道如何製作精美生日卡片幫客戶慶生等，但是這樣的想法大錯特錯！事實上，身為一個業務員，你應該要知道什麼是自己關鍵且擅長的事情，然後只做這件事情。

**如果你想成功，你必須把自己定位為企業家，而不是業務員。**

在《銷售狂人》一書中，作者洛夫羅勃茲提到：「**如果你想成功，你必須把自己定位為企業家，而不是業務員。**」

這是什麼意思呢？當認為自己是業務員的時候，你所做的就是銷售產品；但是當把自己當成是企業家的時候，你就會用更大的格局來看事情，你在銷售商品的時候，你所思考的是工作流程、做關鍵的決定，而不只是銷售產品。

在國外的賽馬比賽當中，有很多的人必須要參與其中，包括馴馬師、騎師、馬主、清潔人員、馬會人員等。整場比賽當中，最重要的靈魂人物就是騎師。一般來說，騎師的工作就是騎馬，雖然他也要懂得跟馬兒溝通、了解作業流程，但是他卻不需要什麼事情都要自己來。因為訓練馬匹，是馴馬師的工作；打掃馬廄，是工讀生的工作；整理場地，是馬會的工作。總而言之，騎師的工作就是負責跑贏。對騎師來說，他做了最關鍵且擅長的工作，就是騎馬；其他的事情要懂，但是不一定要去做。

在業務工作上也是如此，業務人員要懂得作業流程、知道要寄送資料，但是不需要親力親為。很多人為了省錢，怕自己的收入不夠，所以捨不得花錢，不願意把工作外包出去，所以什麼事情都要自己來，讓自己忙得團團轉，卻賺不到什麼錢，這樣不是划不來嗎？

舉例來說，我每個月都會寄資料給客戶，剛開始客戶還很少的時候，包括剪報、整理等我都可以自己來，但是當客戶越來越多時，我絕對沒有辦法自己來。這時候應該要怎麼辦？兩個辦法：

一、**請助理：**透過助理的幫忙，就等於讓自己有另外一個分身。

二、**委外：**把寄資訊的事情，委託給專業的公司處理，我只要負責跟客戶聯繫，確認有沒有收到訊息就好。

這個想法就是我們剛剛提到的，你把自己當業務員，還是企業家。如果你是業務員，你所做的事情就有限，你的收入也有限；但如果你是企業家，你就會知道如何善用人力或人才，透過聘用助理，幫助你處理一些日常的事務，讓你可以騰出更多的時間，進行真正的關鍵事務。

《銷售狂人》的作者洛夫羅勃茲，透過這樣的方法，讓他不僅可以在一年內賣出六百間房子，還可以有時間跟家人相處，成為美國頂尖的業務人員。

我在銷售工作上的態度也是如此。首先，我把公司的行政團隊當成是我的支援團隊，所以我必須要跟他們打好關係，如果送件的資料有問題，他們總是會第一時間通知我。

此外，我把寄送資料的工作委外，我只要確認寄送的資料沒問題，其他的就交給專業。加上我聘請助理幫我處理日常事務，包括寄送給客戶的生日卡，我請助理設計十二個月分不同的生日卡，然後由助理幫我確認客戶的生日，讓生日卡能夠在客戶生日的時候送到。我的工作就是打電話給客戶，詢問他們有沒有收到生日卡，這樣就多了一次的接觸機會。

所以，**讓自己做有效的行動吧！**不要再將時間浪費在滑手機、聊是非上，而是把你的全部精力用在銷售上，做關鍵且擅長的事情，這樣一來，相信你的業務將有機會做出重大的突破！

# 修煉四：善用現代科技，工作更有利！

## 善用公司CRM系統，打造有效率的業務工作

過去在跑業務的時候，都需要拿著很多資料，不管是商品資訊、客戶資料等，只要客戶一多，辦公室就會有著滿滿的資料。但是隨著科技的進步，這些資料逐漸消失在我們面前，取代的是公司的ＣＲＭ系統（客戶關係管理系統），可以透過一指神功，調出所有的客戶資料。

剛開始建置ＣＲＭ系統的時候，必須要輸入所有客戶的資料，真的非常辛苦，像我有一千多筆的資料，簡直是大麻煩。但是還好這樣的大麻煩只有一次，因為只要平日有在維護，接下來就是享受便利性的時候了。透過公司ＣＲＭ的系統，可以很快找到這個月有哪些客戶生日、哪些客戶保費到期、哪些客戶繳費期

滿等，對於業務人員來說，是一個非常有效率的利器。

ＣＲＭ系統到底提供業務員哪些幫助？首先，當業務員到公司的時候，ＣＲＭ系統就可以列出今天要收保費的客戶、今天生日的客戶等，而這些客戶就是業務員聯繫的對象。除此之外，ＣＲＭ系統可以幫你記憶很多事情，特別是當顧客數增加到一定量的時候，業務員很難記得每位顧客的各種狀況。

譬如說顧老大先生家有三個小孩，顧老三先生家有一個小孩，當你客戶一多，根本就忘了顧老大有幾個小孩、有什麼車子。但是別擔心，電腦會提醒你，幫你找到客戶的資訊。甚至哪位客戶有車子、有房貸、家庭狀況、子女人數等，ＣＲＭ系統裡有二十多個欄位能幫助業務員找到客戶的各項訊息。

另外，像是客戶生日時，或是上個禮拜有辦理賠、有要求道路救援的客戶，這時候業務員原本就應該要傳達他們對客戶的關心，此時不只能在電腦裡查詢，系統也會利用手機簡訊直接傳達給業務員，提醒業務員目前客戶的狀態，讓客戶跟業務員的關係更加緊密。

**真正帶給人溫暖的不是機器，而是人！透過人與人的接觸，才能激起更多的火花。**

雖然目前有很多的科技可以幫助業務員，但是對於業務員來說，還是有些事情需要紙本來操作。以我們單位為例，即便有很多的資訊都已經無紙化，但是唯有「利控表」仍是需要列印出來，然後一個個核對。這個月有哪些保戶的保費需要入帳，這時候要提醒客戶前去繳款；如果是用銀行轉帳的客戶，一樣可以聯繫客戶，了解客戶的近況。

我們公司有一個很特別的要求，就是每一年都要幫客戶做保單校正。公司的ＣＲＭ系統當中，有保單健檢的功能，會幫客戶分析目前現有的保單當中，有哪些部分建議增加，或者是有一些資料上的變動。

公司會要求業務員協助客戶進行保單校正之後，就請客戶簽名，證明業務員有幫保戶進行保單校正。透過這樣的機制，業務員更有理由拜訪客戶，增加聯繫客戶的機會。

透過運用現代科技與人性的關懷，可以幫助業務員更有效率的處理事情。但是還是一句老話，就算有再完善的系統，始終都需要人來推動，如果你沒有任何有效的業務行動，那麼就算是有最好的系統，也對業績沒有起色。

當業務員透過ＣＲＭ系統有效管理人脈，就應該要有更好的效率，來提升自己的業績，讓自己的收入更好才對。

## 善用行動科技，讓業務變得更容易

除了公司的ＣＲＭ系統外，公司還提供了很多的資源。以我們業務系統來說，我們開會的資料都建檔在雲端上，只要我選定什麼時候開會，就可以把會議時間寄給與會人員，不需要一個個去告知。

同時，我們也可以很快看到業績資訊、業務員的業績狀況，這些都只要一臺 iPad 就能搞定。

為了減少傷害地球，造成資源浪費，公司大力推行無紙化作業，所以我們業務員成交保單的時候，只要把客戶資料鍵入，就可以用 iPad 進行簽單的動作，減少了紙張的浪費，甚至連需不需要體檢，都可以預估出來。

更棒的是，只要按上傳就可以把資料傳回公司，不需要趕五點半報件。這樣一來，業務員可以無時無刻成交、無時無刻報件，不管是週六、週日都可以上傳到公司資料庫，到了星期一時，公司內勤人員就會自動處理，不用擔心忘了報件的問題，造成一些糾紛。

此外，市面上也有很多新的科技可以使用。過去聯繫客戶的管道就只有電話，隨著電腦及網路的興起，會用即時通訊軟體聯繫客戶；再來是因應手機的普及化，漸漸使用簡訊來聯繫客戶。等到智慧型手機面世，幾乎大部分的人都會使用一些 APP 來聯繫客戶，像是 LINE、Wechat、FB Messenger、What's app 等，透過這些通訊軟體發訊息，不但可以馬上到達客戶端，還可以知道對方是否已經讀取。

事實上，透過這些通訊軟體，我們可以更加即時跟客戶進行聯繫，客戶有任何問題，可以透過 LINE 詢問業務員；業務員也可以透過通訊軟體，將一些資訊傳送給客戶看，不見得需要碰面，就可以讓客戶了解更多訊息。

但即便如此，業務員仍不能忘記，**真正帶給人溫暖的，不是機器，而是人！**

業務到最後，還是要透過人與人的接觸，才能激起更多的火花。

## 修煉五：「玩」出豐沛人脈

如果去問大部分的人，你有什麼夢想？通常都會想到一件事情：環遊世界。可見得人們大多是喜歡玩樂的，如果有什麼好玩的事情，都會想要參與。對我來說，旅遊除了玩樂外，還是一個認識人脈的好方法。

### 出去玩兩天，陌生人變「麻吉」

我非常喜歡旅遊，只要出去玩的時候，我就會問朋友要不要一起去，然後揪團出去。因為我個性比較大方，容易跟別人打成一片，所以一個旅遊團出去，都會認識很多新朋友。而且非常有趣的是，只要跟別人出去兩天，就可以讓陌生人變成好朋友，甚至會有一種相見恨晚的感覺。後來我發現，在旅遊的時候，大部分人都比較放鬆，不容易產生防禦心，所以在旅遊中，比較容易交朋友。

現在讓我們想想兩件事情。第一、如果朋友願意跟你出去玩，代表他跟你有某種程度的信任，所以願意跟你出去玩的朋友，就可以是你的準客戶；第二、在旅遊團碰到的朋友，通常比較容易交朋友，所以成為準客戶的機會自然就會增加很多。當我發現這樣的好處後，我開始嘗試舉辦一天的、兩天一夜的國內旅遊，然後就是國外五天、七天的行程，成果都非常豐碩。

如果是兩天一夜的國內旅遊，我會告訴客戶，這一趟出來並不會讓客戶空手而回，所以在第二天起床以後，進行簡單的運動，當客戶腦筋比較清楚時，安排投資專家、會計師等專業人士，跟客戶上兩小時的課程，讓客戶有投資與稅法的概念。這樣一來，出遊可以同時兼顧學習與放鬆，廣受客戶的好評。

如果是國外的行程就分成兩種，第一種是舊客戶，在該年度有成交的高資產客戶，我會招待他們出國一次。這是感恩的旅程，因為有客戶的支持，才能擁有現在的成績，所以透過邀請他們旅遊，表達我的感謝之意。

第二種是揪團跟朋友出國。只要我想出國的時候，我也會找一些新認識的朋如何透過玩樂，增加自己的人脈，拓展業務的機會，那就是業務員的本事。

友，看要不要一起出國。這樣的用意除了建立好關係外，也可以間接知道對方的狀況，如果對方可以一起出國，表示財務狀況不錯，有額外的預算安排旅遊，就有可能是高資產客戶。

## 用心規畫旅遊行程，贏得客戶心

當你知道旅遊對於拓展業務的好處後，你要怎麼樣去規畫行程呢？一般來說，多數人會直接跟旅行社洽談預算，旅行社開出規格後，再決定要或不要。但是我通常不會這麼做，我反而是從頭到尾都會參與，包括去哪裡玩、住什麼飯店、吃的內容等，我都會非常注意。有時候好玩的地方，旅行社不見得想去；你不想去的地方，旅行社反而會安排在內，這些細節都需要特別注意。因為你帶客戶出去，你所規畫的行程，就代表著你這個人所重視的一切。

除了這些旅遊，我們通訊處也有舉辦「家庭日」的活動，就是在每個月的第一個星期六，讓通訊處業務員帶自己的家人、朋友來參加。因為業務員總是在外奔走，有時候假日都要服務客戶，跟家人的相處時間變少，因此舉辦家庭日的目的，就是讓業務員的家人可以一起參與，讓他們知道，業務員這麼辛苦打拚，都是為了給家人更好的生活。

我認為經營保險的時候，絕對不能忽略自己的家人。業務員這麼努力打拚，就是為了要讓家人過好的生活，如果因為經營保險，反而讓家庭失和，那就算是拿了業績第一名，在家庭的成績單上仍是零分。透過家庭日的活動，讓業務員的家人知道，公司也是有替業務員著想，所以邀請大家一起出來玩，不但讓小孩玩得開心，大人也很放心。

玩樂，是人們的天性。如何透過玩樂，增加自己的人脈，拓展業務的機會，那就是業務員的本事。如果你可以在旅遊當中，增加人與人之間的互動，讓每一個人感覺非常舒服，那麼客戶對你的信任度也會增加，自然就會有業務的機會。

# 修煉六：提問，比一直說更好

一般人對於業務的想法，都是重視該如何說，所以非常強調話術的演練，要如何說明，才能夠讓客戶了解你的商品。但是這些解說產品的作法，只是業務的基本功，真正要讓自己成為一個優秀的業務員，你要懂得如何「提問」。

提問有什麼好處呢？

首先，透過提問可以蒐集客戶的資訊，了解客戶目前的需求、家庭狀況、財務狀況等。

再來，透過提問可以引發客戶的好奇心，讓客戶主動要求深入了解。此外，透過提問可以讓客戶思考，而非衝動做決定，之後才倉卒退保。因此，如何透過提問可以協助客戶釐清他的狀況，幫助他進行財務規畫，是保險業務員最重要的課題。

## 用問的蒐集客戶資訊

一般來說，業務員到客戶那邊，總是習慣開始賣東西，說明自己的產品有多好、多棒、多耐用，這樣的自吹自擂，在過去有一定的效果，但是到了現在，客戶每天接收到這麼多的資訊，你的產品好不好，上網google一下就知道。以保險來說，現在所有的保險商品資訊，都可以在保險發展中心找到，如果想要用欺騙的方法來成交客戶，精明一點的客戶馬上就會識破業務員的詭計。

業務員剛開始接觸客戶的時候，就要先蒐集相關的資訊。譬如客戶的家庭狀況、收入、家庭人口、喜好等等，這樣才能建立親和感。通常我去見新客戶的時候，客戶都會問：「你今天要介紹哪些商品給我？」我都會跟客戶說：「我今天來是了解您的狀況，不是來賣東西的。」

這時候，客戶會覺得我很奇怪，因為通常業務員來拜訪客戶，都會準備好要推銷哪些商品，但是我卻什麼都沒有準備。這時候我會跟客戶說：「如果我不清楚您的狀況，就胡亂推薦一個商品給您，但卻不適合您目前的狀況，這樣子不是

**不管在各行各業，銷售之前，都一定要先蒐集資料，才能夠展現你的專業度。**

很不負責任嗎？」客戶聽完我的說法，反而會認為我是個值得信任的專業人士。

同樣的，不管在各行各業，你在銷售之前，都一定要先蒐集資料，才能夠展現你的專業度。舉例來說，今天我要買一雙工作穿的鞋子，於是我走進了鞋店，然後店員就開口跟我介紹某一款高跟鞋非常好看，穿上去一定震驚全場。但是對我來說，我要的是穿起來可以讓別人感到專業的鞋，當我逛了一下之後，可能就會離開這家店。

但如果店員是問我：「你買鞋子是要工作穿呢？還是出席宴會的時候穿？您需要的是走起來比較舒服的呢？還是看起來比較好搭衣服？我可以給您一些適合的建議。」這時候店員就可以知道我的需求、我的喜好跟我購買的目的，這時候他也可以幫忙找到適合我的鞋子。如果我穿起來很滿意的話，是不是就有下次的機會？答案是肯定的！

所以在銷售產品之前，請先了解客戶的狀況後，再進行銷售的動作，不要把所有的專業與信用，在一次的機會當中就搞砸了。從此你在客戶的心中，就只是一個銷售人員，而不是他的朋友！

## 提問引發客戶好奇心

有時候你會發現到，厲害的業務員可以銷售於無形，只要他出馬，都可以很快抓到客戶的心，並且進行成交。但是自己卻怎麼樣也搞不清楚，到底這些厲害的業務員是如何做到的？其實祕訣還是：**問問題**。

有一次，我跟朋友在回家的路上，一邊開車一邊閒聊，我就問他目前的工作狀況如何？收入如何等問題，然後我就很自然的問他：「你現在大概三十多歲，有沒有想要幫自己多存點錢？」

對方就說：「有啊！」

於是我接著問他：「如果一邊存錢，一邊可以享有保障，萬一發生了任何意外，導致身體有殘障的話，每個月都可以有幾萬元錢可以領。你覺得這樣的保障好嗎？」

對方說：「很好啊！畢竟現在都騎車，還是會有安全上的考量。」

其實我剛剛說的，就是號稱第二代類長看險的「殘扶險」，只要保戶有任何的情況，不管是意外或是疾病，造成殘廢認定為一到六級殘障，就可以每年領取固定的保險費，最多可以領五十年。

現在你看到商品說明，跟我和客戶的對話，是不是可以發現到，如果透過問問題，可以凸顯商品的特色，勾起客戶的好奇心，這樣一來，客戶就會願意了解，這時候你再進行專業的說明，就可以達到最好的效果。如果自己一直說著專業的術語，然後把客戶搞得一頭霧水，這樣客戶是不會跟你購買商品的。

## 透過提問讓客戶思考

有時候客戶在下決定的時候，都是憑著一股衝動，覺得自己想要這個東西，就買了某些商品，結果這些商品一直放在家裡都沒有用到。

有時候我們逛百貨公司或是購物商場，發現某些產品看似非常實用，於是就衝動的買下來，回家以後才發現，這些商品根本沒有用到。舉例來說，有些人家裡根本不開伙，但是卻看到購物商場在推銷鍋具，衝動之下就買了鍋具回家，結果發現自己根本沒有時間做飯。

購買保險也是如此，有時候客戶會在一時衝動下買了產品，結果發現自己的財務狀況根本無法負荷，才去保險公司辦理退保或是減額繳清，不但花了自己的冤枉錢，還有可能倒打業務員一耙，說業務員沒有說清楚，讓他簽下這個不合理的保單。有鑑於此，業務人員可以透過提問的方式，讓客戶清楚知道自己適不適合購買這項商品，是不是有辦法負擔等，以免造成日後的糾紛。

**業務人員可以透過提問的方式，讓客戶清楚知道自己適不適合購買這項商品。**

## ◆如何提問？

一般來說，問句有兩種重要的形式，一種是開放式問句，另一種就是封閉式問句。通常開放式問句是用來蒐集資訊用的，所以開放式問句的答案可以五花八門，沒有一定的答案。舉例來說：「你目前有幾個小孩啦？」、「年紀多大啦？」這些問句都是屬於蒐集資訊用的問句。另外一種開放式問句是用來幫助思考，譬如說：「你有沒有想過，你這麼努力，都是為了什麼？」、「為什麼人要活著？」等，就是讓別人思考的問題。

至於封閉式問句，它所構成的形態，幾乎都是「對不對？」、「好不好？」、「要不要？」等形式，也就是說它的答案不是「對！」就是「不對！」，不是「好！」就是「不好！」這時候它是用來確定對方的想法，譬如說：「每一個人都需要做好風險規畫，對不對？」這個問題的答案不是「對！」就是「不對！」所以它稱為封閉式問句。對於有心引導別的人業務員來說，封閉式引導可以很快誘導到業務員所設定好的答案，但是卻也很容易造成問題。

一般來說，在蒐集資訊、說明產品的時候，可以用開放式的問句；當業務談到最後準備成交的時候，就會採用封閉式的問句，讓客戶進行抉擇。

## ◆要先學會「傾聽」！

很多人剛學會提問的時候，很容易一直使用問句，結果造成客戶更反感。然後回頭來說：「提問根本沒有效！」沒效，那是當然的，因為你還沒有學會更重要的一件事——傾聽。身為一個好的業務人員，除了要會問之外，更重要的是要會聽。很多人也許會說：「聽誰不會聽？從出生我們就一直聽到外在的聲音啦！」但是這邊的聽，是指你是否「用心傾聽」。

事實上，傾聽可以大致上分為三種層次，第一個層次是「假裝在聽」。有一些家長在聽小朋友說話的時候，就是用這樣的傾聽法，小朋友一直說給大人聽，大人看似聽得津津有味，不斷發出「嗯！」、「很好！」的回應，但實際上是連一句話都沒有聽進去。

第二種層次是「選擇性聽」。也就是只聽到我想要的重點，其他一概不管。就像是有些人聽到「提問」很重要，所以就一直在生活中亂問，結果造成別人的反感，卻忽略了老師告訴他：「傾聽更重要！」

第三種層次是「完全傾聽」。這時候你完全融入在對方所說的事情當中，你會記得對方告訴你的事情，不管是他的需求、他的狀況，你都一清二楚，自然就可以知道要如何問出關鍵的問題。

如果你能學會如何提問、如何傾聽的話，那麼在經營業務上，就已經有了非常紮實的能力。

# 修煉七：活動行銷，借力使力

傳統的業務行銷方法，都是透過一對一的行銷來進行。但是這樣的方法，是有一定的困難度，因為業務員必須要能夠了解產品，同時也要會銷售技巧，才能夠出去面對客戶。然而由於金融產業的進步總是瞬息萬變，讓培養業務人員相對更加不容易。

而在傳銷業中，有很多的傳銷商對於商品並不了解，但是透過舉辦創業說明會，讓新手也可以快速提升能力，同時又能借力使力，達到拓展組織的功效。看到創業說明會的功效，我也開始主辦一些活動，像是財務說明會、感恩餐會等，的確都可以幫助業務員促成保單，讓通訊處的夥伴可以更省力，除了學習到業務技巧之外，還可以引發客戶興趣，有機會促成保單。

**邀請客戶參加活動，可以讓客戶更清楚我們所做的事情，拉近與客戶的關係。**

## 用活動吸引客戶參加，節省業務員的時間

所謂的「感恩餐會」，就是業務員邀請客戶到飯店的餐廳喝下午茶，一邊享用下午茶，一邊了解財務、稅務等相關資訊。在過程當中，會介紹公司的產品或是服務，如果客戶有需要的話，就可以當場做決定，或是會後再跟業務員接洽。

但是要如何規畫感恩餐會呢？首先，這個餐會不能只有銷售，而是要有一些軟性的活動。假設我今天辦在圓山飯店，就會安排圓山飯店的導覽，讓客戶了解到圓山飯店的建築由來，了解到飯店的前身是臺北神宮，而且裡面有一個雕刻栩栩如生的金龍等，還可以透過導覽的帶領，去看圓山飯店的密道。

等到導覽結束之後，就會有一段下午茶時間，再由講師跟客戶分享目前的金融情勢，或是最近有什麼新的資訊。最後再跟客戶說明，目前公司有什麼樣的商品，可以幫助客戶存錢，

並做好風險規畫，提供客戶最好的服務。透過這樣軟性的活動，增加客戶的黏稠度，同時有機會逐步成交客戶，就是感恩餐會的好處。

除了軟性的聚會外，我剛來國泰人壽的時候，因為什麼都不懂，一切都要從頭學起，那時候我選擇大量學習稅法的相關資訊。當我在學習稅法的時候，我一定會找一個客戶或朋友一起去聽。有些客戶會跟我說：「阿方，我又不是高資產族群，幹嘛要跟你來聽稅法？」

我都會跟客戶說：「那難道你不想要成為高資產的人嗎？就當做是預習成為高資產的客戶啊！」所以在每一次的稅法課程當中，我都會邀請客戶一起來聽。

後來，我覺得這樣的方法很不錯，所以我當上通訊處經理之後，我也邀請基金公司、會計師等專業人士來開說明課程，讓夥伴能夠邀請自己的客戶來聽。這樣的用意有兩個，第一、證明我們跟客戶說的跟專業人士所講的一樣，這樣一來客戶就會在無形中更信任業務員；第二、如果客戶有任何需要，就可以在日後進行追蹤，進而成交。

其實我發現到，透過邀請客戶參加活動，可以讓客戶更清楚我們所做的事情，還可以拉近自己與客戶的關係，可以說是非常好的方法。

## 絕對不能搶同仁的客戶！

在活動行銷的時候，很多業務員的客戶都會參加，就有可能認識到其他同仁的客戶。有些人就會擔心，其他的業務同仁會不會搶我的客戶？這樣我是不是很沒有保障？如果請其他業務幫我成交，那他會抽我的佣金嗎？為了杜絕這樣的想法，我嚴格要求團隊的成員，絕對不可以有搶客戶的情形。業務同仁彼此互助合作，這樣才能形成好的團隊文化！

有些新進業務會擔心，如果我找主管幫我談案子，他會抽我的佣金成數嗎？我想會有這樣的疑慮，絕對不是新進業務的問題，而是在業務組織中，就會有可能發生的事情。

在我的團隊中，我不允許這樣的事情發生。主管協助底下的同仁發展業務，是天經地義的事情，怎麼可以用抽成與否來決定要不要幫忙夥伴呢？

如果想要透過活動行銷來發展業務，就一定要認知到，團隊當中絕對不能有貪心的人或耍小聰明的人，以及只為了蠅頭小利就破壞團隊秩序的人。這樣一來，活動行銷的方法才能真正幫助業務員，讓業務員能夠借力使力，互蒙其利！

## 修煉八：別退縮！直接要求成交

做了所有的工作之後，業務人員最要緊的就是「成交」。如果沒有成交，那麼之前所有的工作都是白費。但是，要怎樣成交才能讓客戶不會感覺到被壓迫，而是心甘情願的買單呢？

以我來說，我通常都抱持著輕鬆、直接的態度詢問客戶要不要簽字，絕對不拐彎抹角。如果遇到客人猶豫的時候，我會請他直接提出問題，他有哪個地方不清楚，還是覺得保費太高、目前有哪些顧慮等。保險的商品不是死的，而是可以隨著客戶的狀況來進行調整，但是如果客戶都沒有提出問題，那麼業務員就不知道該如何進行調整。

一般來說，我幫客戶調整內容的時候，會透過共同討論的方法，來達成調整的結果。此外，就算客戶買了很多保險，或是曾經有了解過，但是經過一段時間之後，金融商品的狀況都已經不一樣了，所以仍是需要透過專業的業務員進行說明，把一些問題解釋清楚，這樣一來，客戶簽得也會更安心。

有時候夥伴會問我：「如果我解釋過一次，客戶似懂非懂，那我還需要解釋第二遍嗎？」

我會說：「需要。」

因為通常沒有解釋清楚的話，客戶就算投保的話，也會帶著疑慮回去。等到別間公司的業務員或是家人跟他講一下，他在不明不白的情況下，就會跟你說他明年要退保，不繳保費了，這樣的情況是我非常不樂見的。

我心疼的不是業績，而是這一年繳的錢就這樣白白浪費掉了。與其會讓客戶損失金錢，倒不如多花點時間讓客戶心甘情願的掏錢，才是後續讓他願意再持續支持業務員的關鍵。

成交與否，真正的關鍵點並不是在於技巧，而是在於你的心態。

## 成交與否，關鍵在心！

很多人會認為，成交是一件很困難的事情，所以有許多銷售的書籍，都會教你一些成交法，像是：富蘭克林分析法、小狗成交法、選擇成交法……等。我認為這些方法都非常好，也真的有效，不然不會流傳這麼久。

但是這些成交法都只是一些招式，可以取得短暫的效益；如果真正想要讓成交更順利，應該要鍛鍊的是自己的心態。

經過十多年來的業務生涯，我發現到成交與否，真正的關鍵點並不是在於技巧，而是在於你的心態。

如果業務員對於進件的渴望很大，就容易表現在外在的行為上，客戶自然會感覺到壓迫，最後拖延成交。如果你在成交的時候，抱持著平常心的態度，讓客戶不會有壓力，在輕鬆愉快的氣氛下，客戶自然就容易成交。

有時候我覺得成交的感覺，很像談戀愛時的告白，如果你沒有對對方付出努力，沒有一起出去、沒有任何聯繫，突然間就跟對方告白，那一定會把對方嚇壞。而如果你做該做的事情，只缺一個告白，那就不要再曖昧下去了，這時候你就要大膽向對方張開手，問對方是不是願意跟你在一起。

同樣的，業務人員如果沒有對客戶付出關心、對客戶進行了解，沒有跟客戶聊聊天、打好關係，突然間要客戶買保險，那客戶是絕對不會理你的；相反的，有些業務員跟客戶關係超「麻吉」，甚至一起出去玩、一起泡湯，客戶也有購買的意願，而業務員卻遲遲不肯將保單拿出來，這樣下去總不是辦法，這時候業務員就需要大膽開口要求成交。

對我來說，真正影響到銷售的關鍵不是成交，而是成交前所做的所有動作。如果成交前下的工夫夠紮實，成交不過就是水到渠成而已，不需要有什麼華麗的招式。

我建議所有的業務員，一定要先創造出自己的價值，想想看自己可以幫助客戶什麼，然後做好該有的聯繫，定期服務好客戶。

當你做完前面的各項修煉之後，成交就只要輕鬆的問客戶：「如果您滿意這樣的規畫，我們就照這樣進行，好嗎？」

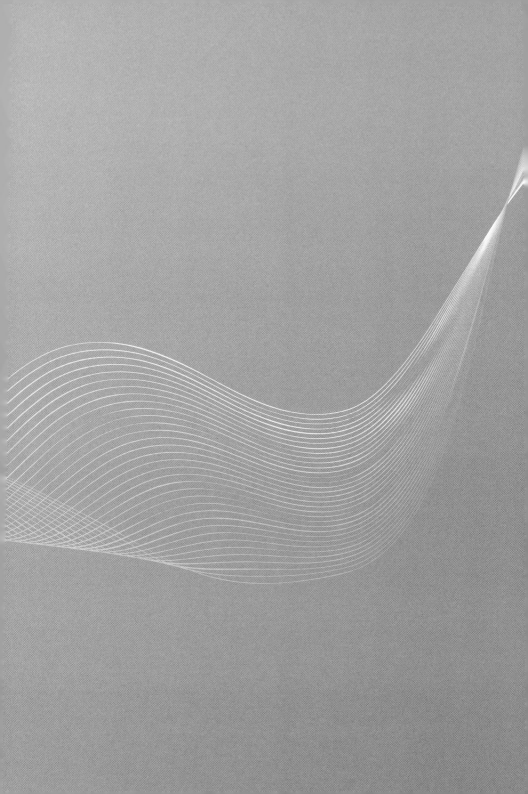

# 第五章

# 團隊文化，來自管理者的風格

# 優秀的團隊，來自於嚴格的紀律

在保險這個行業，除了要銷售之外，也需要經營組織。至於如何經營組織，就跟銷售完全不一樣，銷售的時候，你只需要跟客戶互動，不需要管理組織、領導團隊，但是當你成為主管之後，就要懂得如何領導團隊去設定目標，並且帶領團隊達成目標。

二〇一二年的時候，我被公司從原本的通訊處調到現在的通訊處當經理，當時這裡的業績在公司一百多個通訊處中，業績並沒有很亮眼。但是經過重新設定目標、調整方向，加上夥伴們上下一條心的努力，現在我們通訊處已經連續兩年業績全國第一名。之所以可以達成這樣的挑戰，最重要的就是如何管理組織、領導團隊。

對我來說，要領導一個團隊最重要的就是紀律，如果一個團隊沒有紀律的

**紀律不是僵化死板板、一成不變的東西，事實上，紀律反而是創意的來源。**

話，它就會變得散漫、無所事事。而業務團隊沒有紀律的話，就會是一盤散沙，沒有業績。所以要建立一個團隊的時候，一定要有紀律。

三國時代的梟雄曹操，他在組建軍隊的時候，最重視的就是團隊紀律，如果團隊沒有紀律，就沒有打贏的機會，所以他非常嚴格執行所定下的規則。有一次，他率軍要突擊對手，途中經過一片農地，這時候剛好農作物正好要收成，所以他下令三軍將士不可以踏到農地，否則殺無赦！但是就這麼剛好，他騎的馬不知道被什麼驚嚇到，突然發起狂來，一路衝向了農田。

這下糟糕了，自己下的命令到底該不該遵守呢？所有的士兵、將領與謀臣全都傻眼了。這時候曹操開口說：「叫軍法官來！我自己下的命令，我就要遵守。但是三軍不可以沒有統帥，所以我現在割掉頭髮，來代替我的頭顱，如果我取得勝利，再來將功抵罪！」曹操這樣的行為，就是一種遵守紀律的表現，當軍隊知道曹操言出必行的時候，紀律就產生了。

在我的團隊當中，也有團隊應該要遵守的紀律。我在許多小細節的地方要求非常嚴格，所以無形當中就會打造出一個有規律的團隊。舉例來說，我會要求團隊成員服裝儀容的整齊度。首先，身為一個業務員，你必須要給別人專業的印象，男性業務員出門最好是穿西裝、打領帶、穿皮鞋；女性則可以有所變換，但是不能穿拖鞋、涼鞋，衣服也要有套裝的感覺，不可以穿得很邋遢來上班。

除了服裝的規定外，我也要求他們盡量不要跟同事喝咖啡、吃飯，因為你要聊天的對象應該是客戶，而不是同事。客戶可以幫業務員帶來業績，但是同事只會帶來是非。

同時，非早會的時間，能夠出門約客戶就約客戶碰面，不要在辦公室當中互相取暖，到最後只會形成「失敗者聯盟」。

## 用紀律打造新創意

當我們提到紀律的時候，常常會給人一種印象，認為紀律等於規範，是僵化死板板、一成不變的東西，但這樣的概念是錯誤的！事實上，紀律反而是創意的來源。

在西點軍校的第一年，所有學生都必須服從學長與老師指示，絕對不能有任何異議；等到第二、三年的時候，就會開始讓你參與討論，學習如何領導學弟，同時也要服從學長，這時候你必須要懂得在服從與領導當中取得平衡；到了四年級的時候，就要學習如何做決策，並且為你的決策負責。

對我的團隊來說，西點軍校的例子非常貼切。在新手業務剛進團隊的時候，沒有任何理由與藉口，你就是聽話照做。公司有很多的新手資源，可以帶著新進業務員一步步從無知邁向專業。在這個時間點，你必須大量學習所有的資訊，可以透過公司的教學系統、早會系統等，快速讓自己提升起來。

等到有一定的成績之後，就要開始把所學到的知識逐漸融會貫通，形成自己的一套方法。如果沒有前面的不斷學習，不問任何原因，就是大量吸收所有業務員的長處，你當然無法蛻變出屬於自己的銷售模式。當銷售專業上軌道之後，才開始進行招攬跟增員。

透過這樣的模式，所有的新手業務就可以了解到，所謂的紀律並不是要你捨棄自我；相反的，就是因為要打造屬於自己的銷售模式，才要新手業務不斷學習，聽主管的話照做。所以在我們通訊處的訓練，是基於愛的出發點，而進行有紀律的行動。等到有一天自己可以獨立作業時，你當然可以展翅高飛。

## 用組織文化，來複製團隊

在任何組織行銷或是業務的單位，不管是保險單位、傳直銷或是銷售行業，都會強調複製的重要性，也就是要如何打造更多的業務人才出現。但是我看到絕大多數的組織，都沒有辦法真正做到每個人都一樣複製。我認為這是因為每一個人本來就不一樣，所以能夠學習到的部分，就會有所差異。但是這樣一來，不就沒有百分之百複製嗎？百分之百複製真的存在嗎？我認為是不存在的。

那麼，在組織當中到底要複製什麼呢？我認為在組織當中，最重要的就是複製組織文化，創造團隊的榮譽。舉例來說，新進業務員可能無法複製我的能力，但是他可以複製我對於客戶的用心，可以複製團隊當中的互助合作，可以複製團隊當中正向積極的態度。雖然我無法製造出跟我一模一樣的人，但是卻可以打造同一顆心，而這顆心就是團隊文化。

## 組織文化，就是團隊的核心價值觀

剛剛談到了組織文化，到底什麼是組織文化呢？其實組織文化就是團隊的核心價值觀。也就是說，這個團隊真正想要達成的目的是什麼、想要做的事情是什麼，可以創造出什麼樣的團隊，就是團隊的價值觀。例如曾經有人問台積電董事長張忠謀：「台積電的核心價值是什麼？」有人認為張董事長會提到一些核心技術，但是張忠謀毫不猶豫的回答：「誠信正直。」

張忠謀的回答讓很多人跌破了眼鏡，一家高科技公司最重要的核心價值，竟然是誠信正直。他接著說：「誠信正直的內涵是：我們說真話，不誇張、不作秀。對客戶不輕易承諾，一旦做出承諾，必定不計代價，全力以赴。對同業我們在合法範圍內全力競爭，也尊重同業的智慧財產權。對供應商則以客觀、清廉、公正的態度進行挑選及合作。在公司內部，我們絕不容許貪污，不容許有派系，也不容許『公司政治』。我們用人的首要條件是品格與才能，絕不是『關係』。」所以在台積電工作的人，如果只是為了餬一口飯，而無法認同這樣的理念，到最後在組織當中，最重要的就是複製組織文化，創造團隊的榮譽。

就會被組織所淘汰。

當你要開始建立團隊的時候，就必須要思考到，我要建立什麼樣的組織文化、我的核心價值是什麼。這樣一來，那些跟組織文化不同的人，就會逐漸離開；而認同這樣理念的人，就會逐漸靠近，團隊的共識就會逐漸形成。當團隊共識形成之後，就會產生戰鬥力，團隊自然會產生向上的力量。

## 榮譽感，建立團隊的向心力

要打造團隊向心力，除了建立組織文化之外，還需要讓團隊成員有榮譽感。什麼是團隊成員的榮譽感呢？就是他覺得在這個組織當中，會讓他感到驕傲。當他覺得組織可以給他驕傲之後，就會想辦法維護團隊，讓團隊可以更加茁壯、發展。所以，如何讓團隊成員擁有榮譽感，就考驗著領導者的智慧。

舉例來說，假設今天我到某間公司上班，結果發現老闆其實是詐騙集團，這時候公司會不會讓我有榮譽感呢？不會。所以我就會選擇馬上離開，不再與詐騙集團為伍。相反的，如果今天我可以成為公益團體的志工，我就會覺得這是我的驕傲，那麼我對團隊就有一定的榮譽感。

所以我常會想，為什麼業務員要加入我們的通訊處？我們通訊處跟別的通訊處有什麼不一樣？最重要的是，加入這個團隊，業務員會感覺到光榮嗎？我想答案一定是：「是的。」因為我們通訊處是第一名的營業單位，如果想要做事業，一旦加入了我們團隊，就會有一定的榮譽感存在。

一般來說，組織能創造的榮譽感有兩種來源。一種是實際的功績，像是過去曾經有過輝煌紀錄的組織，會吸引別人想要了解組織，進而進入組織。另外一種是透過精神價值，譬如成為公益團體志工，本身並沒有得到好處，且公益團體沒有營利，所以也沒有所謂的營業額增加。但因為全心投入公益活動所帶來的榮譽感，可以讓人凝聚向心力，願意繼續留在團隊當中。事實上，真正讓他產生榮譽感的，就是組織的精神價值。

當你懂得塑造組織的文化、創造團隊的榮譽感之後，就可以建立一個強大的團隊，並且願意讓人跟隨。所以任何想要建立組織的領導者請記得，讓團隊有歸屬感，就要創造好的文化與榮譽感，在這樣的氛圍下，團隊才會一棒接一棒，棒棒都強棒！

# 夥伴是要來賺錢的！

最近看到電視報導清朝末年太平天國起義軍的節目，提到太平天國雖然只有短短十四年，但是卻幾乎危及清朝的統治權，取得了半壁江山。到底是什麼樣的魔力，可以讓洪秀全在短短時間內成為一國之君？專家們提出了幾個原因，其中一個就是：他贏得人民的信任。因為他獲得了人民的支持，所以乘風而起，破浪而行。但是他也因為失去了人民的信任，導致了太平天國的敗亡。

當年太平天國起義，洪秀全成立了「拜上帝會」，信教的人一定有飯吃。那時候清朝因為戰亂不斷，導致物價快速飆升，引起嚴重的通貨膨脹，大部分平民都沒有辦法好好生存下去。洪秀全抓住這種「我要活下去」的心理，告訴人民只要相信拜上帝會，就一定「有田同耕，有飯同食，有衣同穿，有錢同使」，於是大家便一窩蜂加入了洪秀全的拜上帝會，這股風潮從廣西開始，逐漸往東前進，

**想要讓別人願意跟隨你，有一個最重要的原則，就是以身作則。**

最後洪秀全占領了南京，建立太平天國，自封為「天王」。

但是建立太平天國後的洪秀全，忘記了是人民挺他，才能夠讓他的勢力這麼快崛起。於是洪秀全開始陷入權力的漩渦，離自己的信徒越來越遠，他開始跟諸王鬥爭，人民也開始背棄太平天國，最後太平天國還是垮臺了。

我看到這段歷史時，想起宋楚瑜先生曾經說過一個小故事：民國三十八年國民政府來到臺灣後，蔣經國先生接任了很多事務性的工作。在一次的工作當中，他告訴榮民同胞，要與老榮民一起同甘共苦，如果他有兩碗飯，那就一人一碗飯；但如果只剩下一碗飯，一定讓榮民先吃。這席話讓許多榮民感動得痛哭流涕，也讓他們願意服從蔣經國先生的領導。

事實上，在經營業務團隊也是如此，團隊領導人一定要思考，如何能讓夥伴賺到錢。如果夥伴在團隊當中無法賺到錢，那麼就算福利再好、佣金比例再高都沒有用！因此在我的團隊當中，我一定要想辦法讓業務員賺到錢，這樣才是一個負責任的領導者。

## 如何讓業務員賺到錢？

我認為一個主管最重要的任務，就是協助新人能夠很快上手，並且開始投入業務市場，賺到應有的生活費。但是很多主管卻不知道如何開始，才能夠幫助新手業務賺到錢、生存下來，所以這些業務主管永遠都在增員，然後看著夥伴離職，然後繼續增員，再看著夥伴離職。

在我的通訊處，最快的方法就是創造一個環境，讓業務可以簡易上手。舉例來說，我會聯合幾個不同的單位，一起合辦感恩餐會，新手業務可以約朋友來聽；又或者是在公司總部的會議室，邀請會計師、專業的投資人，來分享目前的投資環境、稅務狀況。如果新手業務還不知道如何成交、如何說明的話，都可以請他們來聽這些課程，說不定聽完之後就有想要購買的欲望了。

此外，我也會要求業務員能夠落實拜訪客戶。對於新進的業務員來說，勤勞跑客戶是非常重要的事，如果你沒有聯繫客戶，沒有主動進行商品說明，只是坐在辦公室當中的話，錢不會從天上掉下來，客戶也不會憑空出現在你面前！所以要如何讓業務員賺到錢？其實這需要業務員與主管通力合作，才會有好的結果。

## 讓人們心甘情願跟隨

在大陸劇《三國》當中，我們可以看到不論是曹操、劉備、孫權，他們都有一個共同的特質：讓人們心甘情願跟隨。雖然他們領導的方式不同，經營的組織文化不同，但是他們總是有辦法讓人才跟著自己。以劉備來說，他就是以仁義作為號召，即便是在逃難當中，仍不忘讓人民先走，所以贏得了民心；以孫權來說，他對於部下的信任，充分授權給部屬，讓謀臣能夠獻奇計於沙場，讓武將能殺敵立功，這些都讓一些文臣武將傾心。

三國當中最特別的人就是曹操，他也是我欣賞的一個歷史人物。他知人善任，用人不問出身，只重視是否擁有真才實學。他思想特立，總是會有許多離經叛道的行為，但同時也突破了傳統的思維，吸引了優秀的謀士文臣，如：荀彧、郭嘉等人的效力，同時也讓張遼、許褚、龐德、典韋等武將，甘心為他賣命，戰死沙場也無怨無悔。

他讓這些人願意追隨的原因，就是他讓這些人才可以盡情揮灑他們的才華，只要有功勞的人，絕對是賞罰分明，奠定了曹操稱霸的基礎。

我就在想，要怎樣才能讓人心甘情願跟隨呢？後來我發現到，想要讓別人願意跟隨你，當中有一個最重要的原則就是以身作則。俗話說得好：「身先足以率人。」想要領導別人之前，就要以身作則，當大家看到你努力的時候，自然就會起而效法，讓別人願意跟隨。

總之，在領導團隊的時候，千萬要記住八個字：「**己所不欲，勿施於人。**」

如果你可以清楚這八個字的含意，就會知道這八個字就是領導者的基礎，當然也是做人的道理。

## 把握原則，你就是好主管！

想要帶好團隊，就一定要懂得當一個好主管。在一個好的組織當中，除了員工要不斷進修之外，主管也需要持續學習，才能有機會成為一個好的領導者。《Inc.》雜誌網站專欄作家傑佛瑞・詹姆斯（Geoffrey James）認為，想要成為一個優秀的主管，需要有以下四點特質，才能讓屬下願意跟隨：

### 簡潔明瞭

身為領導者，一定要能把事情簡化。我們身處在資訊爆炸的社會當中，每天接受的資訊非常多，如果主管沒辦法把這些資訊簡化，容易讓部屬陷入混亂。

有哪些資訊需要簡化呢？首先，向部屬交辦事情的時候要簡單明瞭，不要一下子交代很多事情，而且盡量把事件條列化，不要自顧自的說了一堆話，卻讓部屬摸不著頭緒。

其次要把目標明確化。有些主管一下子希望部屬快點達成業績目標，一下子又問部屬有沒有增員，這樣會把部屬搞亂。最後，主管要有辦法幫助員工釐清自己。在業務部門當中，自己要規畫自己的行程，當業務員的想法鬼打牆的時候，主管要能夠快速幫助部屬釐清工作的意義和目的，幫助部屬快速回到軌道上。

郭台銘先生是我非常佩服的人，他讓原本從事模具製造的鴻海，在不到四十年的時間，成為全球數一數二的企業。鴻海之所以能夠快速崛起，主因就是他把工作簡單化，讓員工清楚知道自己的工作，並且快速執行這些任務。

## 一視同仁

俗話說得好：「一隻手伸出來，都會有長短不一樣。」

身為一個人，想要一視同仁是非常不容易的事情。但是身為一個主管，你一定要想辦法將所有部屬都一視同仁，因為當主管開始產生不平等的時候，就會有主管需要持續學習，才能有機會成為一個好的領導者。

許多的小團體、流言、恃寵而嬌的狀況出現。所以主管一定要盡量保持客觀中立，對於員工的評價要有一定的公正性，才能讓組織保持健康與正向的氣息。

三國時代諸葛亮北伐時，命令愛將馬謖鎮守街亭，並且交代他要記得別上山，在平地安營紮寨就好，同時立下軍令狀，如果失敗的話就要斬首。沒想到馬謖不聽諸葛亮的話，最後街亭失守，讓諸葛亮北伐失敗。回到蜀國之後，諸葛亮論賞行罰的時候，馬謖是北伐失敗的罪魁禍首，縱然諸葛亮很重視馬謖，也不得不揮淚斬馬謖。這就是一視同仁、賞罰分明。

## 訊息透明化

帶領組織的時候，不管是做決策、訊息傳遞等，都需要經過主管的決定，部屬通常是最後才知道。等收到命令的時候，也不知道為什麼要有這樣的決定，容易產生不配合的情況。所以想要讓組織能夠順利運作，勢必要讓訊息透明化。

怎樣讓訊息透明化呢？

第一、主管雖然有決策的權力，但是別只是下命令，而是可以將決策的原因與過程，清楚跟部屬說明；即便有人不認同，但至少團隊的每個人可以知道，為什麼會有這個決定，讓部屬感覺受到尊重。

第二、讓部屬參與決策，每個人可以提出自己的意見，最後由主管做出決定。雖然部屬沒有決策權，但是因為有參與感，部屬會更加配合。

## 足夠的耐心

任何一個優秀的團隊成員，需要經過時間培養，身為一個好主管，一定要有足夠的耐心，花時間在培育部屬上。有時候難免會有部屬讓你感到心煩，會覺得部屬怎麼不長進，學得這麼慢，甚至會以自己為例，來要求部屬超過自己的標準。

優秀的主管一定要懂得控制好情緒，並且養成體諒與耐心，簡單來說，就是培養自己的同理心。願意真誠了解每個部屬的學習方式，知道他們目前的進度，並且給予相對的支援。用長遠的角度來看待部屬的進步，而不是用短淺的眼光來批判部屬的進度。這樣一來，團隊的成員將會更喜歡你，並且真心為團隊付出。

國泰人壽推行ＣＲＭ初期，許多資深業務人員根本不會用電腦，但是蔡宏圖董事長認為，只要有耐心、有方法，一定可以做得到。於是公司想出許多方法，在半年內就取得兩百一十六萬筆客戶資料。到現在，許多媽媽級的業務員，都有辦法拿平板電腦跟客戶談保單。這就是因為蔡董事長有耐心，願意讓業務人員有較長的學習時間，才能將公司走向Ｅ化，讓國泰人壽的素質大大提升。

當我們清楚知道領導人的四大特質之後，再來就要思考，我目前帶領團隊的時候，有沒有真正做到這些事情，有沒有讓部屬感覺到被尊重？有沒有耐心等待部屬成長。當你真正去做到這些事情的時候，你的團隊將會脫胎換骨，成為一個堅強、具有忠誠度的組織！

# 堅持，成就一切非凡 國泰人壽經理鄭淑方的奮鬥哲學

作　　者／鄭淑方
美術編輯／孤獨船長工作室
責任編輯／許典春
企畫選書人／賈俊國

總 編 輯／賈俊國
副總編輯／蘇士尹
資深主編／吳岱珍
編　　輯／高懿萩
行銷企畫／張莉滎．廖可筠．蕭羽猜

發 行 人／何飛鵬
法律顧問／元禾法律事務所王子文律師
出　　版／布克文化出版事業部
臺北市中山區民生東路二段 141 號 8 樓
電話：(02)2500-7008 傳真：(02)2502-7676
Email：sbooker.service@cite.com.tw
發　　行／英屬蓋曼群島商家庭傳媒股份有限公司城邦分公司
臺北市中山區民生東路二段 141 號 2 樓
書虫客服服務專線：(02)2500-7718；2500-7719
24 小時傳真專線：(02)2500-1990；2500-1991
劃撥帳號：19863813；戶名：書虫股份有限公司
讀者服務信箱：service@readingclub.com.tw
香港發行所／城邦（香港）出版集團有限公司
香港灣仔駱克道 193 號東超商業中心 1 樓
電話：+852-2508-6231 傳真：+852-2578-9337
Email：hkcite@biznetvigator.com
馬新發行所／城邦（馬新）出版集團 Cité (M) Sdn. Bhd.
41, Jalan Radin Anum, Bandar Baru Sri Petaling,
57000 Kuala Lumpur, Malaysia
電話：+603-9057-8822 傳真：+603-9057-6622
Email：cite@cite.com.my
印　　刷／卡樂彩色製版印刷有限公司
初　　版／2017 年（民 106）8 月 12 日
初版 5 刷／2017 年（民 106）12 月 28 日
售　　價／300 元
ISBN／978-986-94994-2-2


城邦讀書花園 布克文化
www.cite.com.tw WWW.SBOOKER.COM.TW